中国规模化奶牛场关键生产性能现状

（2023版）

董晓霞　马志愤　路永强　郭江鹏　编著

《中国乳业》杂志社

草地农业智库

一牧云 YIMUCloud

家畜产业技术体系北京市创新团队

中国农业科学院北京畜牧兽医研究所

兰州大学草业系统分析与社会发展研究所

淄博数字农业农村研究院

联合发布

中国农业科学技术出版社

图书在版编目（CIP）数据

中国规模化奶牛场关键生产性能现状：2023版 / 董晓霞等编著. --北京：中国农业科学技术出版社，2023. 10
ISBN 978-7-5116-6429-7

Ⅰ. ①中… Ⅱ. ①董… Ⅲ. ①乳牛场－生产管理－研究 Ⅳ. ①S823.9

中国国家版本馆CIP数据核字（2023）第171426号

责任编辑　李冠桥
责任校对　贾若妍　李向荣
责任印制　姜义伟　王思文

出 版 者　中国农业科学技术出版社
　　　　　北京市中关村南大街12号　　邮编：100081
电　　话　（010）82106632（编辑室）　（010）82109702（发行部）
　　　　　（010）82109709（读者服务部）
网　　址　https: // castp.caas.cn
经 销 者　各地新华书店
印 刷 者　北京地大彩印有限公司
开　　本　170 mm × 240 mm　1/16
印　　张　11.75
字　　数　150千字
版　　次　2023年10月第1版　2023年10月第1次印刷
定　　价　98.00元

《中国规模化奶牛场关键生产性能现状（2023版）》

编委会

◆ 名誉顾问

任继周　中国工程院　院士
　　　　兰州大学草地农业科技学院　教授

◆ 顾　　问

辛国昌　农业农村部畜牧兽医局　副局长
卫　琳　农业农村部畜牧兽医局奶业处　处长
杨红杰　全国畜牧总站统计信息处　处长
张利宇　全国畜牧总站牧业绿色发展处　处长
刘　杰　全国畜牧总站统计信息处　副处长

李胜利　中国农业大学/国家奶牛产业技术体系　教授/首席科学家
林慧龙　兰州大学/草业系统分析与社会发展研究所　教授/所长
毛华明　云南农业大学动物科学技术学院　教授
毛胜勇　南京农业大学动物科学技术学院　教授/院长
田冰川　国科现代农业产业科技创新研究院　院长
屠　焰　中国农业科学院饲料研究所　研究员
熊本海　中国农业科学院北京畜牧兽医研究所　研究员
岳奎忠　东北农业大学健康养殖研究院反刍动物研究所　研究员/所长
张学炜　天津农学院　教授
张永根　东北农业大学/黑龙江省奶牛协同创新与推广体系
　　　　教授/首席科学家
朱化彬　中国农业科学院北京畜牧兽医研究所　研究员

段鑫磊　宁夏农垦贺兰山奶业有限公司　董事长
封　元　宁夏回族自治区畜牧工作站　高级畜牧师
郭红勇　新疆西部牧业股份有限责任公司　副总畜牧师
韩春林　现代牧业（集团）有限公司　副总裁
李锡智　云南海牧牧业有限公司　总经理
马志超　甘肃前进牧业科技有限责任公司　执行董事
宁晓波　宁夏农垦集团有限公司　副总经理
秦春雷　甘肃农垦天牧乳业有限公司　董事长
苏　昊　北京东石北美牧场科技有限公司　执行总裁
王先胜　中垦乳业股份有限公司牧场事业部　总经理
杨　库　新加坡澳亚集团投资控股有限公司　首席运营官

《中国规模化奶牛场关键生产性能现状（2023版）》

编著委员会

主编著

董晓霞　《中国乳业》　杂志社　社长

马志愤　一牧科技（北京）有限公司　首席执行官（CEO）

路永强　家畜产业技术体系北京市创新团队　首席专家/推广研究员

郭江鹏　北京市畜牧总站　正高级畜牧师

副主编著

董　飞　一牧科技（北京）有限公司　首席技术官（CTO）

冯　光　淄博市农业科学研究院/淄博数字农业农村研究院　农艺师

徐　伟　一牧科技（北京）有限公司　数据分析师

王　晶　《中国乳业》新媒体部　总监

杨宇泽　北京市畜牧总站　正高级畜牧师

罗学明　杭州正兴牧业有限公司　高级畜牧师

编著人员（按姓氏笔画排序）

马志愤　马宝西　王　俊　王　晶　王兴文　王彩虹　王礞礞　田　园

田　瑜　付　瑶　付士龙　冯　光　任　康　齐志国　安添午　芦海强

李　冉　李　琦　李凯扬　杨奉珠　何　杰　邹德武　汪　诚　汪　毅

汪春泉　张　炜　张　超　张夫千　张国宁　张宝锋　张建伟　张瑞梅

张赛赛　陈少康　罗学明　罗清华　金银姬　周奎良　周鑫宇　赵志成

赵善江　胡海萍　柳建琴　姜兴刚　祝文琪　胥　刚　聂长青　徐　伟

高　然　郭江鹏　郭勇庆　彭　华　董　飞　董晓霞　韩　萌　程柏丛

路永强　蔡　丽

序 言

奶牛是草地农业第二生产层中的“栋梁”，它利用饲草转化为人类所需动物源性食物的效率居各类草食动物之首，质高、量大、经济效益高。奶牛产业是带动现代草地农业发展的主要动力源泉之一。缺乏奶牛的现代化草地农业是不可想象的。

牛奶及奶制品以其营养全面、品味丰美以及供应普遍，为人类健康作出了不可替代的贡献。缺乏牛奶和奶制品的现代化社会也是不可想象的。

上面这两句话，强调了奶牛和牛奶的重要性。但奶牛和牛奶的重要意义远不止于此。奶牛通过对草地的高效利用，支撑了从远古农业到今天的现代化农业的全面发展。牛奶通过它的高营养价值供应了人类从远古到今天现代化的食物类群。奶牛和牛奶将自然资源与社会发展综合为人类历史发展的“擎天巨柱”。

20世纪80年代，我国牛奶的消费量仅与白酒相当，约700万吨，说来令人羞愧，这是可怜的原始农业状态。改革开放以后，随着我国人民饮食结构的变化，牛奶的需求量猛增，而产量因多种原因徘徊不前，曾给世界奶业市场造成巨大压力，甚至发生扰动。至今我国牛奶人均消费量仍只有日本和韩国的1/3，约为欧美人均消费量的1/5，今后随着人民生活水平的不断提高和城镇化持续发展，我国牛奶供需矛盾势必不断增大。

尽管近年来我国奶业工作者通过不懈努力取得了巨大进展和成果，但总体来看与欧美等奶业先进国家相比还有差距。

现状如何，差距何在？马志愤等同志组建的一牧科技团队多年来从现代草地农业的信息维出发，利用互联网、云计算、物联网、大数据和人工智能等新兴技术构建草地农业智库系统，帮助牧场实现信息化升级，及时发现问题，提出优化建议，提升牧场可持续盈利能力和国际竞争力，为牧场的科学管理和发展作出新贡献，将我国规模化牧场的数字化管理提高到世界水平。此书今后将每年更新出版发行一版，是记录和体现我国现代化牧场数字化管理的试水之作。此书的出版是我国数字科技推动奶业发展的过程和成果，对规模化牧场经营管理具有重要的参考意义。

此书的出版不仅反映了牧场信息化科技成果的时代烙印，更重要的是让我们了解中国规模化牧场生产现状，全行业坚持不懈的努力，将有助于改善我国农业产业结构和保障食品安全，为提高人民健康水平提供实实在在的帮助。

书成，邀我作序，我欣然命笔。

任继周于涵虚草舍

2020年仲秋

前　言

党的二十大作出以中国式现代化全面推进中华民族伟大复兴，加快建设网络强国、数字中国，全面推进乡村振兴、加快建设农业强国等重大战略部署。发展智慧农业、建设数字乡村是驱动农业农村现代化、推进乡村全面振兴的必然趋势。2023年中央一号文件提出要加快农业农村大数据应用，推进智慧农业发展。运用现代信息技术，在经济社会的各个领域，广泛获取数据、科学处理数据、充分利用数据，优化政府治理与产业布局，形成“用数据说话、用数据决策、用数据服务、用数据创新”的现代社会经济治理的趋势和新生态，是数字政府建设推进国家治理现代化的重要途径。

畜牧业现代化是农业农村现代化的重要内容，也是加快建设农业强国的必然要求。加快推进畜牧产业经济与数字化、智能化深度融合，是实现畜牧业高质量发展的有力支撑。物联网、大数据、区块链、人工智能等现代信息技术在农业领域的应用，正在颠覆传统农业产业，推动农业全产业链的理念重塑和流程再造。大数据驱动的知识决策替代人工经验决策、知识决策主导的智能控制替代简单的时序控制，从育种到产品销售的整个产业链将得到广泛应用。物联网技术、人工智能技术以及大数据平台应用在提高生产效益、保障产品质量、保障生产安全方面作用日益凸显。

奶业的持续健康发展需要互联网和大数据的支持。牧场经营者解决发展过程中遇到的瓶颈问题，必须学会拥抱互联科技和大数据技术，积极培育用“互联网+”思维武装的人才队伍，培养具备现代信息理念、掌握现代信息技术的高素质养牛人，践行用数据说话、让数字产生经济效益的牧场管理新模式。

基于上述背景，一牧云（YIMUCloud）、家畜产业技术体系北京市创新团队、《中国乳业》杂志社和兰州大学草业系统分析与社会发展研究所自2020年起开始协作，以一牧云服务全国的牧场关键生产性能数据为基础，持续开展牧场数据管理分析研究，并将最新成果呈现给广大读者，以期为奶牛养殖者、奶业科研人员、行业主管部门及其他相关人士提供来自生产一线的客观数据，同时记录中国规模化奶牛场发展的点滴进步，谨望能为中国奶业可持续发展贡献绵薄之力。

2022年，中国规模化奶牛场生产水平持续提高，成母牛平均单产迈入13吨以上的规模牧场达60多家，其中既有集团型牧场，也有私营牧场；既有存栏万头以上的牧场，也有存栏不足千头的中小牧场；更为可喜的是，如此的高产并非全部是通过高淘汰换来的。这些成果，标志着2022年中国规模化奶牛场牧场经营与生产水平迈上了新的台阶。

本版从牧场生产实践入手，以一牧云当前服务的分布在全国24个省（自治区、直辖市）375家奶牛场1 162 923头奶牛的实际生产数据为基础，对成母牛关键繁育性能、关键健康生产性能、产奶关键生产性能，后备牛关键繁育性能、犊牛关键生产性能等40多个生产性能关键指标进行了系统分析，同时用5个专题抛砖引玉，力求以最真实的数据为产业发展提供借鉴和参考。

规模化奶牛场关键生产性能是一个复杂的命题，本书虽经反复推敲、修改，但也难免有疏漏或不妥之处，诚恳希望同行和读者批评指正，以便今后在新版中加以更正和改进。

《中国规模化奶牛场关键生产性能现状》编委会

2023年10月8日

目 录

图表目录

第一章 绪 论

第一节 数字农业是迈向农业强国的必经之路

农业作为国之基、生之源、民之本的基础性产业，正在由传统的机械化农业（农业3.0）向以数字要素为基础的智慧农业（农业4.0）迈进，开启数字农业新篇章。世界范围内，以农业互联网、农业大数据、精准农业、智慧农业、人工智能五大核心板块为代表的数字农业技术已经被广泛用于农业领域且发展迅速，与此同时，发达国家还在数字农业上进行了大量投资，如英国政府"产业战略挑战基金"将人工智能和数据作为4个挑战领域之一，计划聚焦于精准农业。鉴于数字农业的广阔前景，美国麦肯锡公司（McKinsey & Company）最新报告指出，如果在农业中实现互联互通，到2030年全球GDP将增加5 000亿美元的额外价值[①]。尽管数字农业在经济效率方面具有较高的潜力，但技术本身不能解决全球粮食安全问题，而且小农经营还可能因为难以承受数字技术的大额投资而陷入困境（钟文晶等，2021；董燕等，2021）。

随着发达国家将数字农业作为构筑农业现代化发展产业优势的方向，积极推进数字科技与农业发展的融合，推进农业数字化

① 麦肯锡报告：https://futurism.com/artificial-intelligence-benefits-select-few。

转型，可预期的是，数字农业将成为农业生产系统、农村经济、农民生活转型发展的重大机遇，也将成为我国由农业大国迈向农业强国的必经之路。20世纪末以来，我国日益重视数字农业发展，陆续出台相关政策措施，《中共中央 国务院关于全面推进乡村振兴加快农业农村现代化的意见》《数字乡村发展战略纲要》以及2020—2023年连续4年的中央一号文件均明确提出开展数字乡村试点，实施数字乡村发展建设工程，推动数字技术与农业生产经营等方面的融合。我国数字农业逐步从顶层规划走向实践落地。大力发展数字农业，成为我国推动乡村振兴、建设数字中国的重要组成部分。

我国发展数字农业正逢其时，呈现出巨大的发展潜力和广阔的应用前景。根据中国互联网络信息中心（CNNIC）发布的第51次《中国互联网络发展状况统计报告》，截至2022年12月，农村地区互联网普及率为58.8%，农村网民规模达到3.08亿，占整体网民的28.9%，具有较大提升空间。同时，农业数字经济与制造业、服务业等行业相比，还是一片洼地，中国信息通信研究院发布的《中国数字经济发展研究报告（2023年）》显示，2022年中国农业数字经济仅占农业增加值的10.5%，远低于工业24.0%、服务业44.7%的水平，具有巨大的发展潜力。数字技术的应用将加速对传统农业各领域各环节全方位、全角度、全链条的数字化改造，提高全要素生产率，为农村经济社会高质量发展增添新动能，并通过更精准化种养、更精确的产需对接，推动农业绿色可持续发展。

第二节　数字化是畜牧业高质量发展的必然趋势

新形势下，我国农业主要矛盾已由总量不足转为结构性矛盾，推动农业供给侧结构性改革，提高农业综合效益和竞争力，是实现农业现代化的一个重要任务。作为农业和农村经济重要组成部分，中国畜牧业发展在“双循环”战略格局下面临新的要求，需要利用现代信息技术进行转型升级，实现由传统向现代、由粗放到精细、由低效到高效的高质量发展。畜牧业发展到了新的转型升级的节点，适度规模化、标准化是大势所趋，科学养殖是发展必然，从群体的粗放式管理逐渐转为个体的精细化、及时化管理，以减少饲料浪费，增加转化效率，让有限的畜禽生产更多的肉蛋奶，实现畜牧业全链条的智能化、数字化，走高质量可持续发展道路[①]。以物联网、云计算、大数据及人工智能为代表的新一轮信息技术革命为畜牧业由粗放式传统畜禽养殖向知识型、技术型的数字化畜牧业转变提供了契机（夏雪等，2020）。

畜牧业数字化是将畜牧生产过程中的饲喂、环控、穿戴、监测、称重等人为操作，用一系列相应的自动化硬件设备来替代，之后通过动物信息传感器、设施设备传感器、环境系数传感器等持续采集数据并上传到管理软件进行存储、监测和分析，逐渐形成产业互联网系统，以指导生产，提高效能。当前我国畜禽养殖在环境监测、个体身份标识、精准饲喂等信息技术方面应用较为成熟（邹岚等，2021）。利用环境系数传感器对畜禽养殖环境涉及温度、湿度、氨气、硫化氢等环境因子进行监测，以保证合理的生产条件；个体身份标识从传统的耳标、项圈等逐步向面部识别、虹膜识别、姿态识别等视觉感知技术和生物技术识别延伸，使畜禽个体健康档案的建立和生命状态的跟踪预警变得更加智能，而且这种识别技术发展为畜禽精准饲喂奠定了坚实基础。但

① 畜牧业数智化在乡村振兴战略中的定位、功能及贡献——中国畜牧业协会副秘书长刘强德访谈（caaa.com.cn）。

是，我国畜禽养殖主要以产量提高为重，对动物福利和高品质生产的重视不足，福利化养殖技术及评价体系才刚刚起步。

数字化对中国畜牧业既是机遇，也是挑战。2019年、2020年面对非洲猪瘟和新冠肺炎疫情的冲击，工作和生活突然停摆，许多畜禽养殖户现金流短缺，养殖成本增加，销售受阻，再加上近年来畜牧业数字化加速推进，数字化转型热潮让更多的畜禽养殖户在技术认知、发展决策等方面陷入困境，影响企业的生存和行业的健康发展。然而，当很多畜禽养殖户对数字化生产快速跟进，让数智系统成为一种全新的生产工具时，更多的智能设备和信息系统被用于生产，对畜禽养殖方式、养殖规模甚至组织方式都带来了巨大变革。面对新冠肺炎疫情和非洲猪瘟，大数据、人工智能和物联网技术在减少人畜接触、保证畜禽安全管控、保持全产业链健康运行方面发挥了不可替代的作用，对提升企业竞争力和更快融入数字化时代具有重要意义。同时，随着我国畜禽养殖规模化、标准化、集约化比重的快速提高，自动饲喂、环境控制、废弃物处理等智能设备的补贴范围不断扩大，为实现环境保护、畜禽健康养殖、畜牧产业可持续发展的现代化目标，畜牧业数字化是必然趋势（李保明等，2021）。

第三节　数字化是奶业持续健康发展的必然选择

畜牧业现代化发展进程中，奶牛、生猪和家禽养殖要率先基本实现现代化，数字技术、智能控制系统的使用是重中之重，奶牛养殖规模化、标准化的推进，为发展数字化奶业奠定了坚实基础。奶业数字化是以奶牛养殖为中心，以计算机技术、质量管理技术、统计技术为基础，以生产安全、高质的乳制品为目标，软硬件高度结合的一项工程。2022年，我国奶牛养殖规模化比例达到72%，规模化奶牛单产达到9.2吨，较2008年分别增长了91个百分点和4.4吨，随着牛群规模越来越大，市场竞争越来越激烈，用传统方式提高生产潜力已非易事（冯启等，2013）。数字化发展就是结合传统养殖方式与现代科技，通过数字信息来提高宏观分析、决策与调控的科学性，让生产的每一杯奶都有来自包括牧场、生产端、物流端直至消费者端的全产业链条数字化信息支撑，不仅有利于提高企业本身管理水平，更有利于提高市场竞争力，促进奶业的可持续发展。

奶业数字化，是全产业链的数字化，在生产加工端要打造牧场和工厂的互联互通，在消费端要利用大数据为业务赋能。牧场作为生产端，在精准饲喂、疾病监测、育种管理等环节应用智能系统，按照每头牛不同生长周期进行精细化分群，通过摄像头结合人工智能（AI）算法无接触式对奶牛进行体况评分，创建牧场“云管家”，为保障奶源健康安全提供科学的保障。工厂作为加工端，通过引入生产端数据，建立供应链管理数据生态圈，做到透明化生产、数据化管理和一键式追溯，实现对产品的全过程质量管控和安全保障。大数据在全过程管理中的价值进一步体现，生产方面利用完整数据信息，可以形成科学的饲养方案，实现对每一个环节的科学管理，在消费方面，通过对消费者的观察，统计消费信息，持续改进产品，建立产品与消费者之间互动关系。奶业数字化对促进奶业转型升级，实现从传统型产业发展模式逐渐升级为数字型驱动模式，保障奶业持续健康发展发挥了积极作用。

当前，很多消费者对中国奶业的印象或许还停留在家庭式散养、人工挤奶的落后式经营阶段，其实不然，在国家政策大力扶持、全行业砥砺奋斗的作用下，我国奶业已经步入了规模化、智能化发展的数字化新时代，牧场管理软件、实时监控系统等硬件的开发和应用都有了长足的进步，相关技术日趋成熟，应用水平也在不断上升。但奶业比其他行业更为特殊，其涵盖养殖业、制造业、服务业三大产业，产业链长，管理复杂，无可借鉴的数字化应用模板，需要不断去摸索。相较于国外奶业发达国家，我国在数字化技术的研发和应用方面仍存在许多问题。

一是信息孤岛现象严重，互联互通技术以及共享机制仍有待完善。当前奶业数字化发展往往只是不同产业内的数字化，产业链之间缺乏信息交互。例如部分养殖企业和加工企业分别已经实现了数字化，但相互之间信息不互通，生产、加工与销售仍处于割裂状态，产需对接不顺畅，难以将数据价值最大化。同时，养殖企业之间、加工企业之间数据孤立，共享机制不健全，建立奶业大数据生态圈较为困难。

二是生产环节间数字化发展不均衡。尤其是对于大部分规模奶牛养殖企业来讲，在全混合日粮饲喂、育种管理、健康管理等方面都已实现了智能化管理，但想要生产经营更加数智化，还需要加强与人员管理和绩效评价的数字化连接，实现对人的行为及时干预，确保生产经营操作达到要求，从而提升生产效率，最大化发挥数据价值。

三是国内奶业数字化技术研发落后，相关人才储备不足。在牧场信息化技术应用过程中，国外厂商仍处于垄断地位，国内在相关领域研发仍未有突破，导致我国奶业数字化转型投资成本巨大，很多牧场不愿意改变原有的落后管理模式，同时缺乏奶业数字化设备设施应用人才，导致无法充分发挥相关系统设备的作用。

对中国奶业而言，数字化转型还将面临更多挑战，但数字化是奶业持续健康发展的必然选择。《“十四五”全国畜牧兽医行业发展规划》提出，到2025年，全国畜牧行业现代化建设取得重大进展，奶牛、生猪、家禽养殖率先实现基本现代化。奶业发展是农业现代化的先行军，奶牛场作为奶业生态圈的核心，直接影响全产业链的健康发展，如何更加高效地利用有限的资源，提升牧场可持续盈利能力和竞争力，是摆在牧场投资者和运营管理者面前永恒的话题[①]。新一轮技术革命的到来，让数字化技术成为牧场提高生产效率、实现可持续发展的关键。随着牧场信息化、智能化、数字化转型的不断推进，对生产管理系统要求越来越高，牧场经营者期望能够利用数据客观评估自己牧场的关键生产性能，并与国际和国内牧场进行对标分析和交流，帮助牧场持续进行改进和提升。在《中国规模化奶牛场关键生产性能现状（2020版）》《中国规模化奶牛场关键生产性能现状（2021版）》《中国规模化奶牛场关键生产性能现状（2022版）》的基础上，通过对一牧云（YIMUCloud）当前服务分布在全国24个省（自治区、直辖市）的375个牧场，1 162 923头奶牛的生产数据筛选、分析、整理并发布《中国规模化奶牛场关键生产性能现状（2023版）》，谨望能够不断完善并逐渐建立起奶牛场生产性能评估标准和对标依据，为中国奶业可持续发展贡献绵薄之力。

未来，中国奶业将借助数字化优势，在奶业持续健康发展过程中发挥更大作用，在全球奶业竞争中抢占更有利地位，真正实现从奶业大国到奶业强国的转变，同时引领全球奶业的数字化发展。

① 全面推进　重点突破　加快实现农业现代化——农业部部长韩长赋就《全国农业现代化规划（2016—2020年）》发布答记者问[J].休闲农业与美丽乡村，2016（11）：6-27。

第二章 数据来源与牛群概况

本书数据来源于一牧云“牧场生产管理与服务支撑系统”，截止日期为2022年12月31日（后文中提到“当前结果”，均代表截至该日期的数据）。所有生产性能现状结果均是基于一牧云持续服务的，分布在全国24个省（自治区、直辖市）的375个牧场，1 162 923头奶牛的生产数据（图2.1）分析而得。

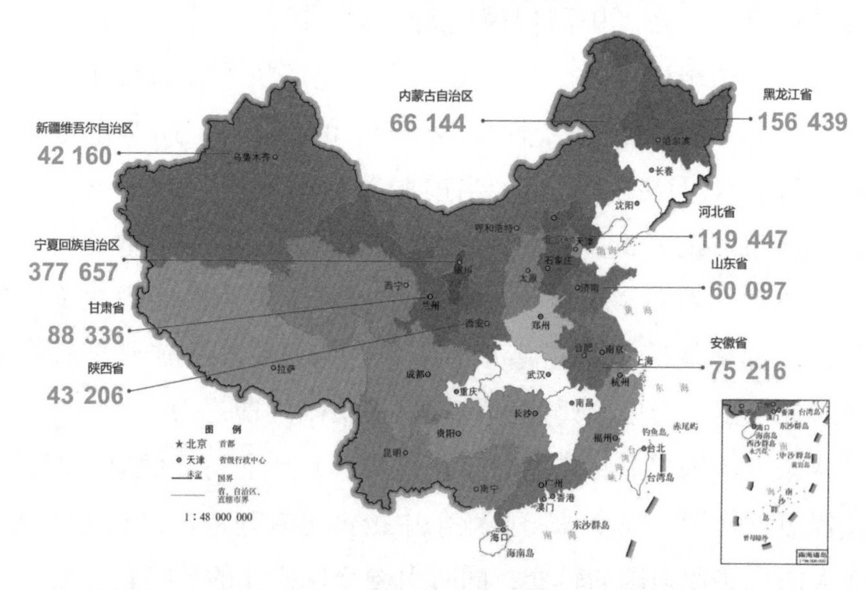

图2.1　一牧云“牧场生产管理与服务支撑系统”服务牧场分布

［京审字（2023）G第2240号］

牧场数据筛选标准如下：

一是一牧云系统中累积数据超过一年；

二是繁育信息连续且录入完整；

三是最近6个月牛群结构稳定，牛群规模>200头，完全为后备牛的牧场数据做剔除处理；

四是截至2022年12月31日，仍有数据录入的牧场。

最终筛选出符合标准的牧场318个，覆盖在群牛1 044 924头，其中成母牛529 183头，泌乳牛463 424头，后备牛481 407头（图2.2）。

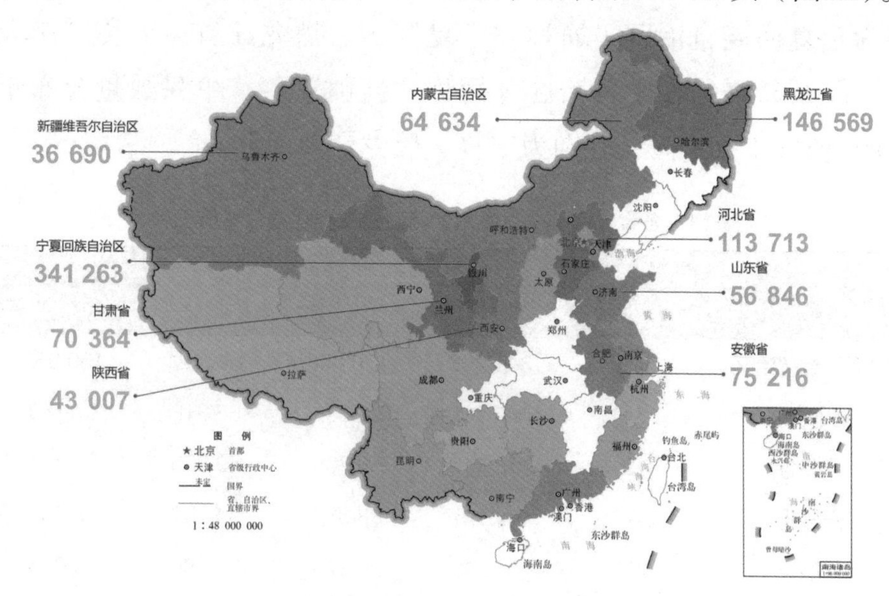

图2.2　筛选后分析样本数量及存栏分布

［京审字（2023）G第2240号］

样本牛群胎次分布统计分析见图2.3。

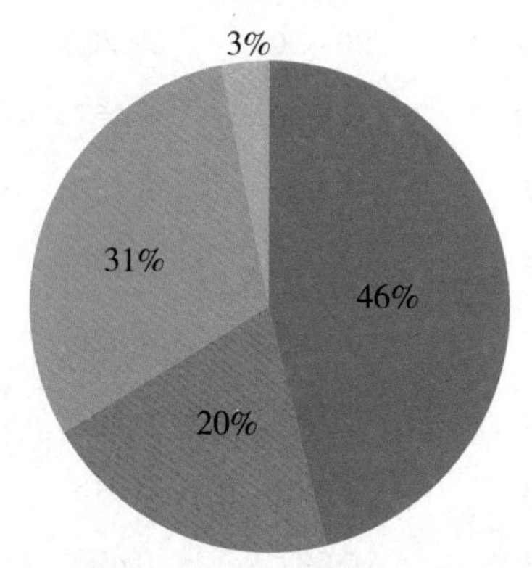

图2.3　样本牛群胎次分布情况（n=1 044 924）

第一节　群体规模概况

根据前述标准，筛选出的牧场在各省（自治区、直辖市）分布情况见表2.1。其中用户牧场数量最多的3个省（自治区）分别为宁夏回族自治区（简称“宁夏”）、黑龙江省（简称“黑龙江”）及新疆维吾尔自治区（简称“新疆”）；牛只数量分布最多的3个省（自治区）分别为宁夏、黑龙江及河北。

表2.1　各省（区、市）样本牧场数量及存栏量分布情况

区域	牧场数量（个）	全群牛头数（头）	成母牛头数（头）	泌乳牛头数（头）	后备牛头数（头）
宁夏回族自治区	105	341 263	170 453	149 481	150 953
黑龙江省	54	146 569	76 331	66 918	67 163
河北省	19	113 713	56 705	49 885	55 431
安徽省	4	75 216	38 667	34 757	35 581
甘肃省	20	70 364	36 275	31 380	30 055
内蒙古自治区	18	64 634	32 623	28 355	31 035
山东省	11	56 846	28 684	25 048	27 353
陕西省	8	43 007	20 334	17 591	21 958
新疆维吾尔自治区	22	36 690	19 265	16 549	16 872
广东省	13	17 890	9 467	8 071	8 149
江苏省	7	15 591	8 158	6 986	7 193
云南省	8	14 224	6 776	5 786	7 162
天津市	7	9 815	4 826	4 384	4 891
北京市	5	8 753	4 487	3 976	4 011
广西壮族自治区	4	7 828	3 918	3 600	3 659
四川省	1	6 887	3 496	3 059	3 391
福建省	2	4 427	2 250	2 061	2 177

（续表）

区域	牧场数量（个）	全群牛头数（头）	成母牛头数（头）	泌乳牛头数（头）	后备牛头数（头）
山西省	5	4 330	2 826	2 500	1 308
湖南省	1	1 687	836	735	802
贵州省	1	1 678	1 019	667	603
浙江省	1	1 482	737	686	745
青海省	1	1 067	523	502	542
西藏自治区	1	963	527	447	373
总计	318	1 044 924	529 183	463 424	481 407

样本牧场中，规模最大的单体牧场全群存栏为45 922头（其中成母牛22 765头），规模最小的全群存栏为211头（其中成母牛4头），不同存栏规模牧场数量分布情况见表2.2。

表2.2 不同规模牧场样本数量及存栏分布情况

全群规模（头）	牧场数量（个）	牧场数量占比（%）	总牛群存栏（头）	存栏占比（%）
<1 000	78	24.5	52 271	5.0
1 000～1 999	104	32.7	148 436	14.2
2 000～4 999	82	25.8	246 563	23.6
≥5 000	54	17.0	597 654	57.2
总计	318	100.0	1 044 924	100.0

结果可见，群体规模<1 000头牧场占比24.5%，1 000～1 999头规模牧场占比32.7%，2 000～4 999头规模牧场占比25.8%，5 000头以上规模牧场占比17.0%，与2021年相比，群体规模<1 000头牧场数量占比（27.5%）降低3个百分点，1 000～1 999头规模牧场数量占比（31.8%）增加0.9个百分点，2 000～4 999头规模牧

场数量占比（24.0%）增加1.8个百分点，5 000头以上规模牧场数量占比（16.7%）增加0.3个百分点，大规模存栏牧场占比呈增长趋势。

而从存栏数量上来看，<1 000头规模牧场的总存栏占比仅为5.0%，1 000 ~ 1 999头规模牧场的总存栏占比14.2%，2 000 ~ 4 999头规模牧场的总存栏占比23.6%，≥5 000头规模牧场的总存栏占比57.2%。≥5 000头规模牧场的总存栏占据了一牧云平台管理牛只总存栏量的50%以上（图2.4）。

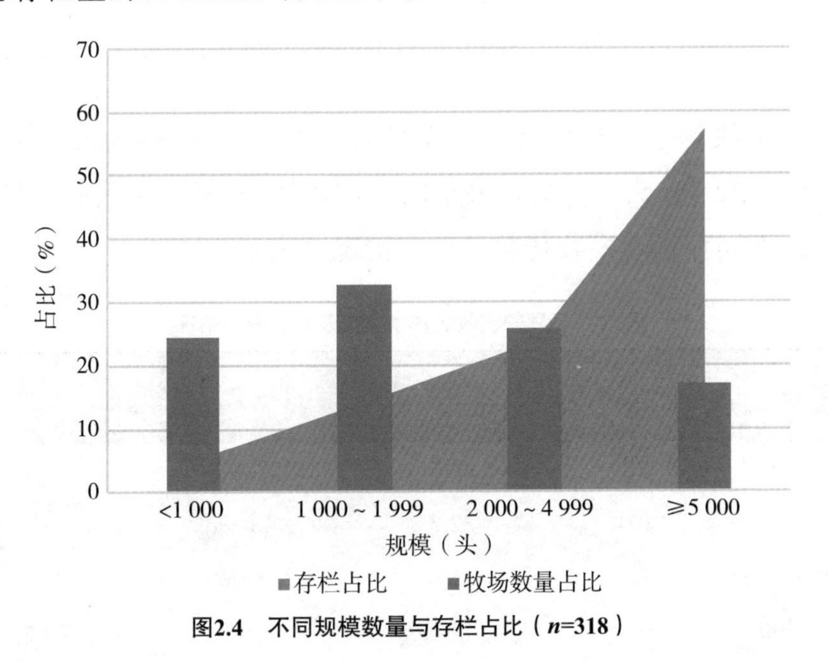

图2.4　不同规模数量与存栏占比（*n*=318）

第二节　成母牛怀孕牛比例

根据经典的泌乳曲线（图2.5）可知，对于一个持续稳定运营的奶牛场，其成母牛在一个泌乳期中至少超过一半的时间应当处于怀孕状态，如此牧场才能具备较好的盈利能力。

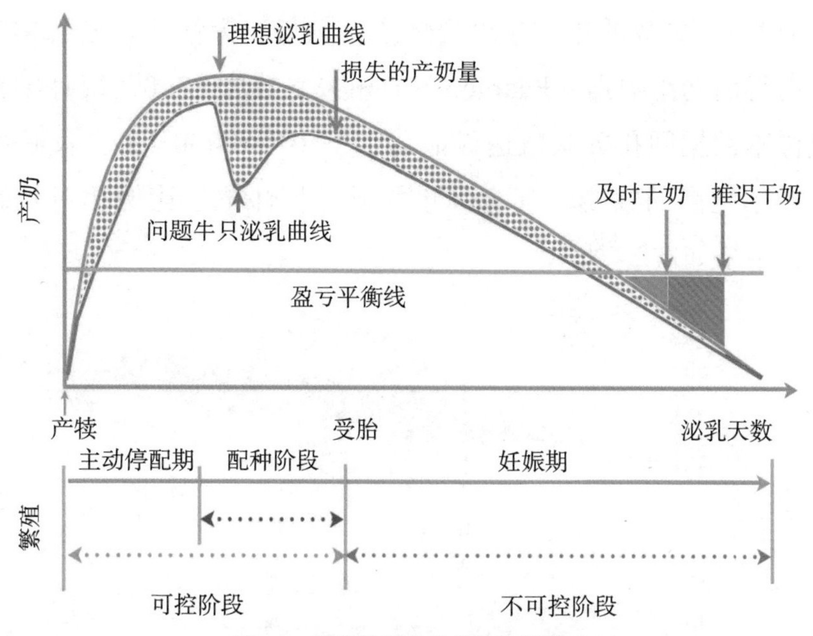

图2.5　经典的泌乳曲线与牧场繁殖

由于奶牛的繁殖状态是一个动态变化的过程，我们统计了系统中授权的共275个牧场牛群在2022年1—12月每月月末采集到的成母牛怀孕比例，所有牧场在统计时间段内怀孕牛比例分布情况如图2.6所示。根据箱线图统计结果，可见平均成母牛怀孕比例为53.0%，变化范围21%～93%，四分位数范围48%～58%（IQR，50%最集中牧场的分布范围）。

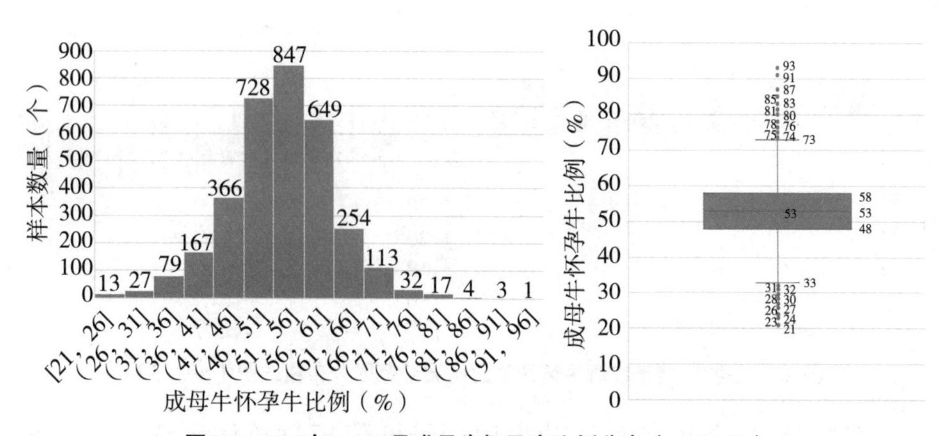

图2.6　2022年1—12月成母牛怀孕牛比例分布（n=3 300）

对271个牧场的年均成母牛怀孕比例与21天怀孕率进行相关分析，可得出两组数据（Pearson）的相关系数为0.700，统计学检验两组样本数据间相关系数达极显著水平（$P<0.000\ 1$），反映出21天怀孕率越高的牧场，其全群年均成母牛怀孕牛比例相对越高，散点图结果如图2.7所示。

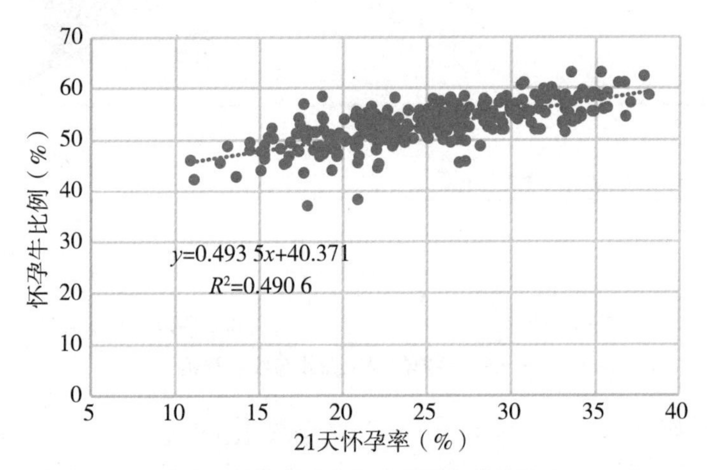

图2.7　21天怀孕率与年均怀孕牛比例相关分析（n=271）

对各牧场每月成母牛怀孕牛比例进行统计，全年波动箱线如图2.8（不同的颜色代表不同的牧场），可见，受各牧场全年繁育计划及繁殖方案不同的影响，牧场间变化的范围存在较大的差异。

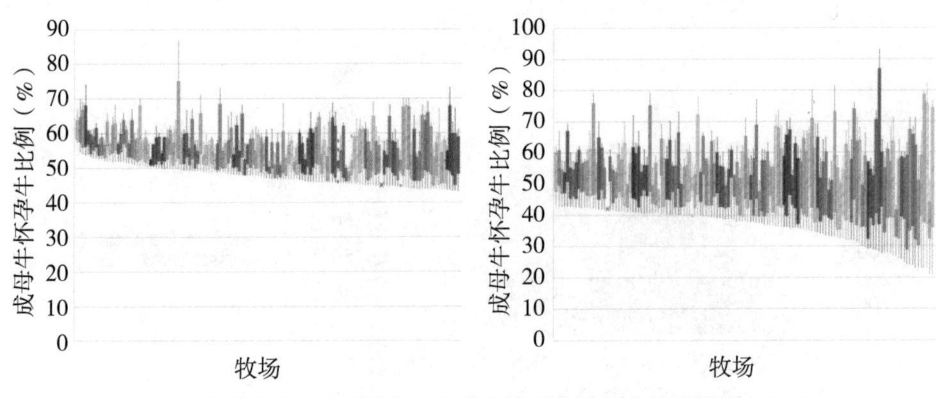

图2.8　各牧场全年成母牛怀孕牛比例波动范围分布箱线图（n=275）

图2.9是对全年各月怀孕牛比例最低值超过总体平均值的37个

牧场（≥50%）的展示，可见37个牧场全年波动的幅度不同。图2.10展示了37个牧场中波动幅度最大的24号牧场及波动幅度最小的28号牧场过去一年每月的产犊情况。结果可见，全年怀孕牛比例波动幅度越小的28号牧场（最小值51%，最大值53%），牛群规模较大（2 000～5 000头），其全年各月产犊头数及各月怀孕头数波动范围也相对越小；而波动幅度较大的牧场，牛群规模较小（1 000～1 999头），在全年某段时间（1月、9月、11—12月）存在集中产犊的现象。

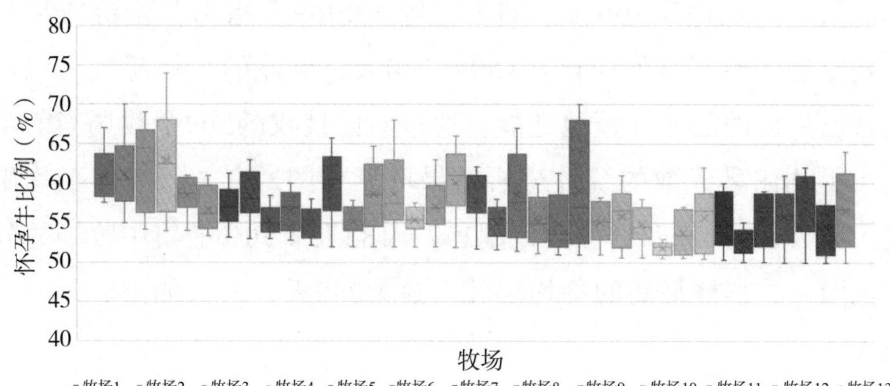

图2.9　全年成母牛怀孕牛比例最低值大于等于50%牧场各月怀孕牛比例波动范围箱线图

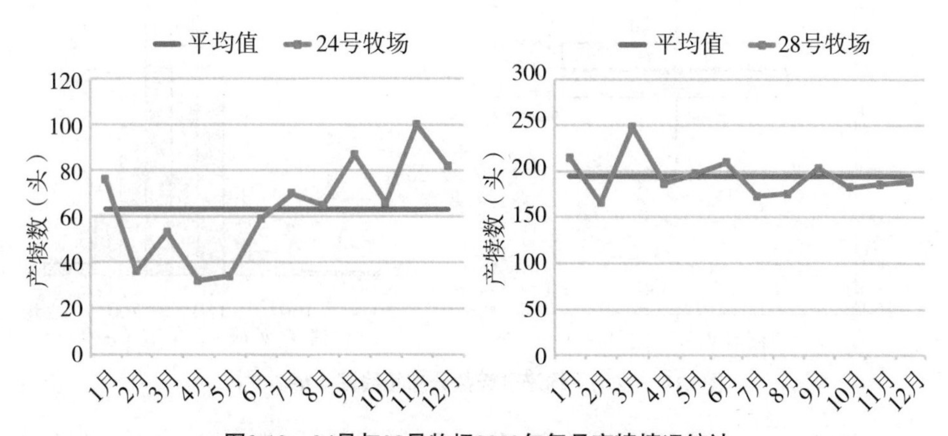

图2.10　24号与28号牧场2022年每月产犊情况统计

第三节　泌乳牛平均泌乳天数

泌乳牛平均泌乳天数，表示全群泌乳牛泌乳天数的平均值，相对静态条件下（牧场生产、繁殖、死淘等工作相对稳定时），泌乳牛的平均泌乳天数，与泌乳牛群的产量有明显的相关关系。

刘仲奎（2014）研究表明，一个成熟的规模化牧场，一年正常的平均泌乳天数为175～185天；维持盈利的最低平均泌乳天数的底线，不能高于200天。刘玉芝等（2009）指出，全群成母牛平均泌乳天数正常值应该在150～170天，群体的平均泌乳天数可反映出牛群的品质和繁殖性能。通过对已授权的309个牧场当前泌乳牛平均泌乳天数的统计分析结果可见（图2.11），当前平均泌乳天数为169天，四分位数范围157～183天（50%最集中牧场的分布范围），群体最高的平均泌乳天数为240天，最低的泌乳天数为65天。

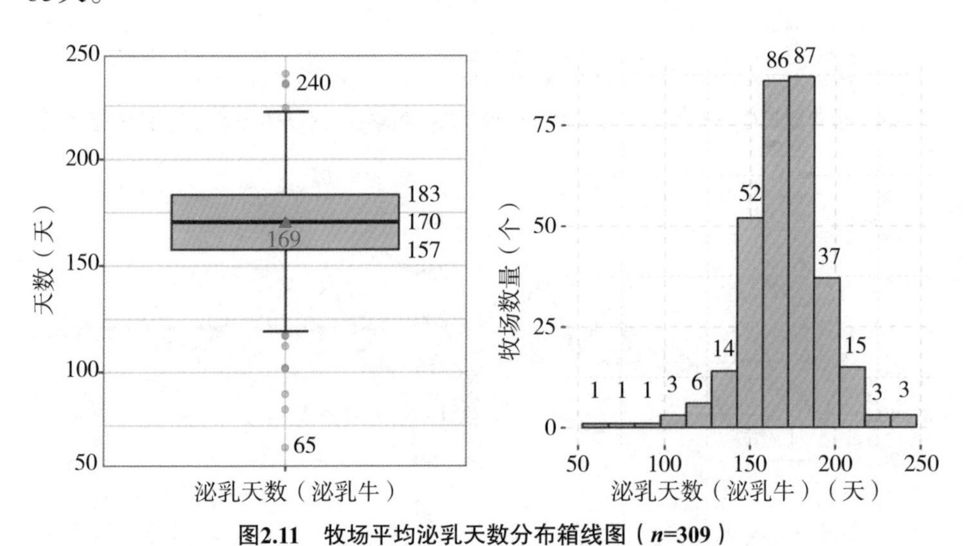

图2.11　牧场平均泌乳天数分布箱线图（*n*=309）

对2022年12个月均有泌乳牛平均泌乳天数的262个牧场的

21天怀孕率与年均泌乳牛平均泌乳天数进行相关分析，两者（Pearson）相关系数为-0.477，统计学检验两样本间相关系数达极显著水平（P<0.000 1），反映出21天怀孕率表现越好，年均泌乳牛平均泌乳天数越低，结果见图2.12。

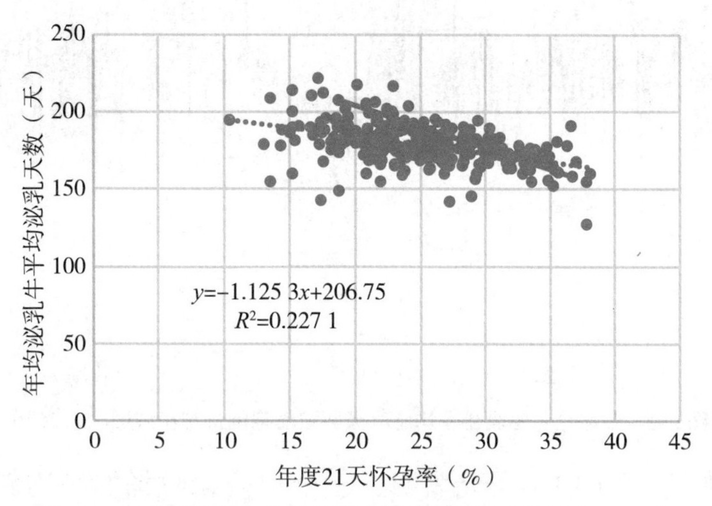

图2.12　21天怀孕率与年均泌乳牛泌乳天数相关分析（n=262）

各牧场泌乳牛平均泌乳天数全年波动幅度如图2.13所示，其中波动最大的6个牧场，全年波动幅度范围（极差）为119～160天，查询牧场规模和各月份产犊数，发现其中1个牧场全群头数650头左右，2022年各月份产犊数波动较大，呈现季节性产犊，1—5月产犊数较多，7—10月产犊数较少；其中2个牧场全群头数在1 000～2 000头，各月份产犊数也波动较大，呈现季节性产犊，9—11月产犊数较多；其中2个牧场全群头数为2 000～5 000头，8—12月产犊数较多；最后1个万头牧场，2022年初主要为后备牛（占比72%），1—4月陆续投产，泌乳天数较低并逐渐上升，之后趋于稳定。波动范围最小的牧场其全年波动最大幅度仅为8天，在178～186天之间波动，其中2022年21天怀孕率27.3%，月度范围为24%～32%。提示牧场在评估时需要注意，平均泌乳天数是一个动态值，必须结合当时的全群牛状态进行针对性分析。

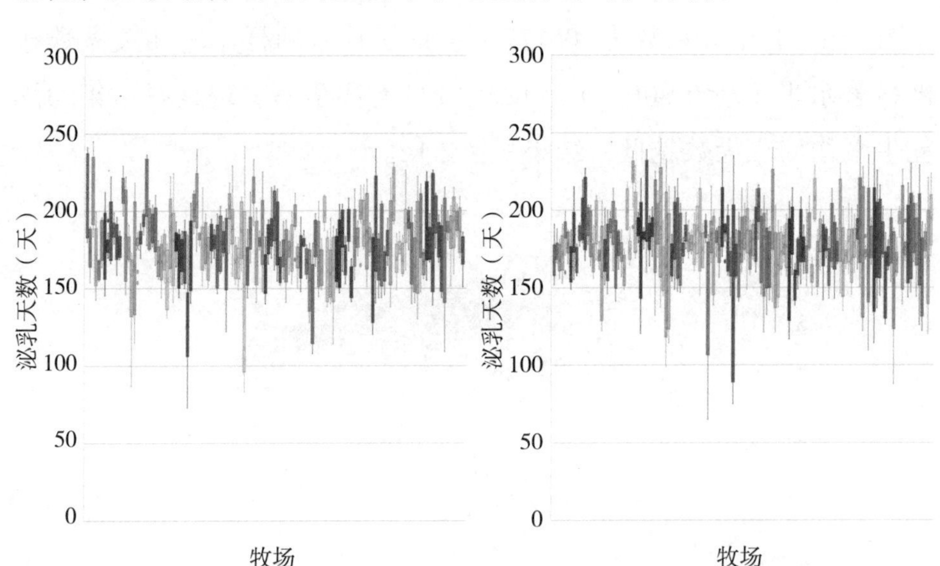

图2.13　牧场全年泌乳牛平均泌乳天数波动范围分布箱线图（*n*=262）

刘仲奎（2013）研究表明，一个规模化牧场的平均泌乳天数持续出现60天、80天、90天、100天、110天、120天、130天，这是不正常的。我们对262个牧场中2022年有5个月份出现平均泌乳天数<130天的牧场做了进一步分析，共包含5个牧场，其中2个牧场是由于集中产犊造成，1个1—5月产犊数较多，1个8—12月产犊数较多；另外3个牧场后备牛较多，1个在1—8月集中产犊，1个在6—12月集中产犊，1个在7—11月集中产犊，导致2022年对应月份与后续月份泌乳牛泌乳天数降低。

第四节　平均泌乳天数（成母牛）

成母牛平均泌乳天数，表示全群成母牛泌乳天数的平均值，计算方式如下：

$$成母牛平均泌乳天数=\frac{\sum（泌乳牛泌乳天数）+\sum（干奶牛泌乳天数）}{总成母牛头数}$$

注：干奶牛的泌乳天数为其从产犊至干奶的天数。

成母牛的泌乳天数，可用来反映牛群异常干奶牛比例、干奶时怀孕天数差异等问题，同时可用来反映全群成母牛的生产水平，通常与成母牛平均单产相对应，共同反映全群成母牛的盈利能力。

我们对已授权的308个牧场成母牛平均泌乳天数与泌乳牛平均泌乳天数统计，统计结果见图2.14，成母牛泌乳天数平均值与中位数均为192天，上下四分位数为180～204天，最大值为283天，最小值为102天。

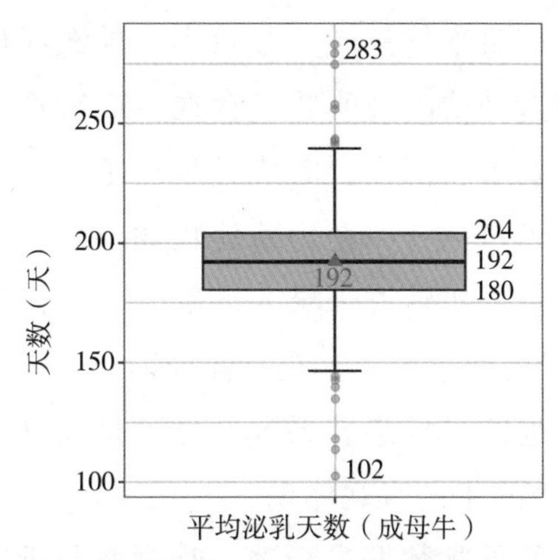

图2.14　成母牛平均泌乳天数分布箱线图（*n*=308）

将各牧场平均成母牛平均泌乳天数与泌乳牛平均泌乳天数的差值进行统计分析，结果见图2.15，可见成母牛泌乳天数与泌乳牛平均泌乳天数差值平均为22天，上下四分位数为18～26天；统计最高的差异为67天，最低为-11天。

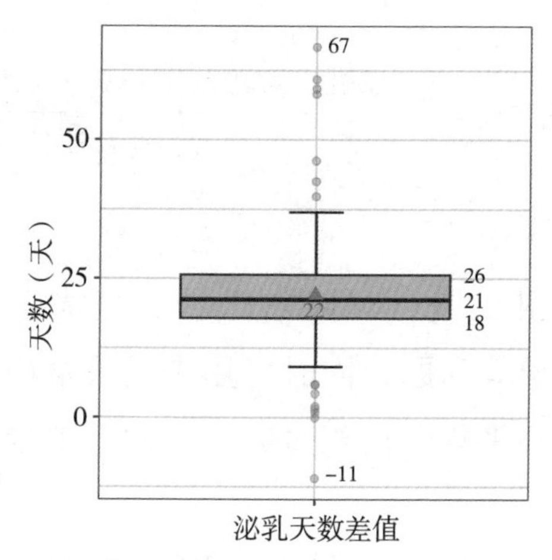

图2.15 成母牛泌乳天数与泌乳牛平均泌乳天数差异统计箱线图（*n*=306）

当差异为“0”时，表示牛群全部为泌乳牛，无干奶牛，该种情况通常出现于新建牧场牛群刚刚投入生产时尚且没有干奶牛的情况；当差异为负时，牛群既有泌乳牛，又有干奶牛、围产牛，但部分牛只在干奶时平均泌乳天数较小，导致成母牛泌乳天数低于泌乳牛，出现这种情况说明牧场存在生产管理问题，出现较大比例的非正常干奶牛。同样，对成母牛与泌乳牛天数相差过低进行分析，主要原因包括：一是为新建牧场牛群，牛群中头胎牛尚未开始干奶；二是干奶转群未录入，部分牛只怀孕天数已经超过210天，但仍属于已孕干奶牛，提示需及时录入干奶转群事件。成母牛与泌乳牛合理的平均泌乳天数差异，是成母牛群的稳定性与全群成母牛的生产水平的直观体现。

对高于40天的异常数据进行进一步溯源分析，表明造成差值过高的原因主要包括：一是牛群成母牛中干奶牛只比例过高；二是牛只干奶时泌乳天数过高，反映出较低的繁殖水平与较低的产奶量。

第三章 成母牛关键繁育性能现状

众所周知，对于商业化奶牛场，繁殖是驱动其盈利的关键，因此作为管理者必须及时掌握和评估牧场的繁殖水平，以便随时改进和预防问题的发生。本章对繁殖管理中常见的指标，诸如21天怀孕率、21天配种率、成母牛受胎率、成母牛不同配次受胎率、成母牛不同胎次受胎率、成母牛150天未孕比例、平均首配泌乳天数、平均空怀天数、平均产犊间隔、孕检怀孕率等指标分别进行了统计分析与说明。

第一节 21天怀孕率

21天怀孕率（21-Day Pregnant Risk）的概念最早由Steve Eicker博士和Connor Jameson博士于20世纪80年代在美国硅谷农业软件公司（VAS）提出，并通过DC305牧场管理软件应用于牧场当中的，这是截至目前较为公认的能够较全面、及时、准确评估牧场繁殖表现的关键指标，其定义为：应怀孕牛只在可怀孕的21天周期（发情周期）内最终怀孕的比例。笔者对2022年度303个牛群的成母牛怀孕率进行统计汇总（图3.1、图3.2），可见，四分位数范围为20%～29%（50%最集中牧场的分布范围），平均值为24.6%，中位数为24%，与我们跟踪的2017年度（怀孕率平均值16%，中位数

15%）、2018年度（怀孕率平均值18.5%，中位数17%），2019年度（怀孕率平均值18.8%，中位数18%），2020年度（怀孕率平均值22%，中位数22%），以及2021年度（怀孕率平均值23.4%，中位数24%）相比，牧场的繁殖表现呈持续提升趋势。

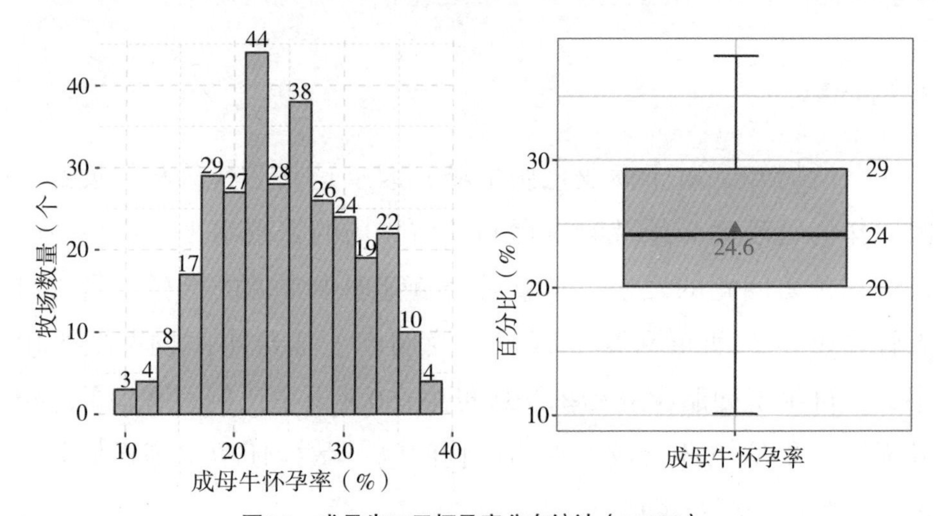

图3.1　成母牛21天怀孕率分布统计（n=303）

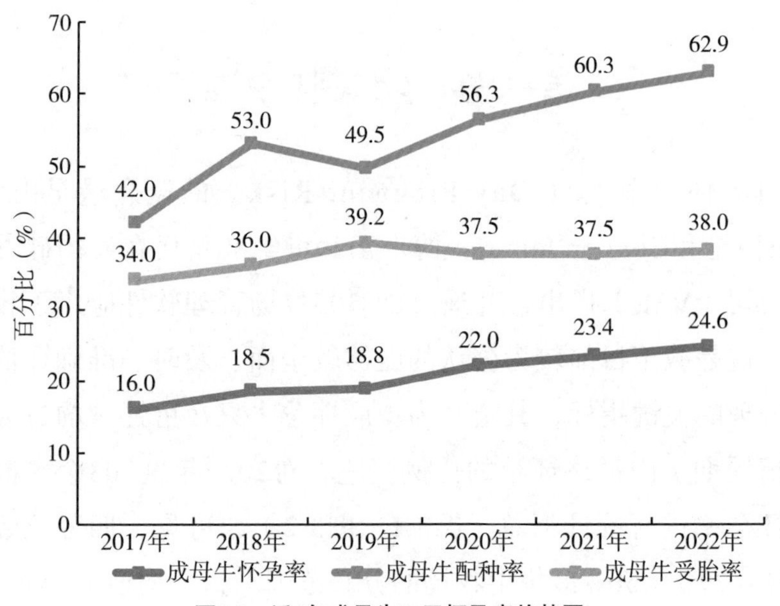

图3.2　近6年成母牛21天怀孕率趋势图

对不同规模牧场的21天怀孕率表现进行分组统计分析（表3.1），可见，以全群规模为分组标准时，牧场规模越大，平均怀孕率水平则越高，标准差也较小，反映出大型牧场具有相对完善的繁育流程和相对标准的操作规程，且生产一线的执行效果较佳。2 000头以内的牧场间差异较大（标准差较大），表明中小规模牧场繁殖管理水平差异较大，相关牧场的繁育管理和技术水平存在较大的提升空间。

表3.1　不同群体规模牧场21天怀孕率统计结果（*n*=303）

全群规模（头）	牧场数量（个）	牧场数量占比（%）	平均值（%）	中位数（%）	最大值（%）	最小值（%）	标准差（%）
<1 000	73	24.10	19.34	18.74	33.54	10.41	4.80
1 000～1 999	101	33.30	23.86	23.49	37.85	10.14	5.55
2 000～4 999	76	25.10	26.62	26.43	38.16	18.78	4.42
≥5 000	53	17.50	30.60	30.87	37.87	18.76	4.18
总计	303	100.00	24.64	24.18	38.16	10.14	6.16

根据不同规模牧场2021年与2022年21天怀孕率统计（详见图3.3），2022年度规模<1 000头的牧场21天怀孕率上升了0.21个百分点（2021年度19.13%，2022年度19.34%）；规模1 000～1 999头的上升了0.72个百分点（2021年度23.14%，2022年度23.86%）；规模2 000～4 999头的上升了1.87个百分点（2021年度24.75%，2022年度26.62%），≥5 000头规模的牧场上升了1.22个百分点（2021年度29.38%，2022年度30.60%）。样本整体水平相较于2021年（23.42%）上升了1.22个百分点。不同规模牧场增长幅度依然反映出中小规模牧场具有较大的提升空间。

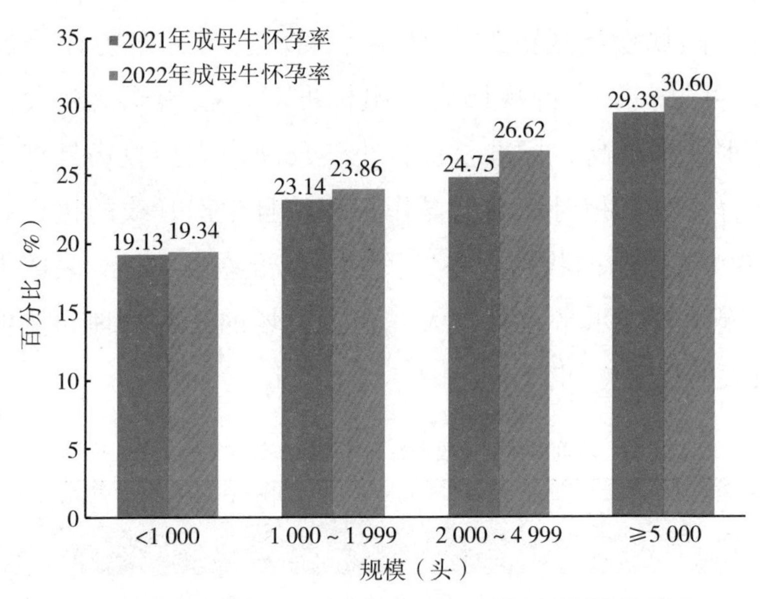

图3.3　不同规模牧场2021年与2022年21天怀孕率同比增长图

第二节　21天配种率

21天配种率（或称发情揭发率），通常与21天怀孕率共同计算与呈现，其定义为：应配种牛只在可配种的21天周期（发情周期）内最终配种的比例。配种率是反映牧场配种工作（或发情揭发工作）效率高低的指标。对截至当前过去一年311个牛群的成母牛配种率进行统计分析，其成母牛配种率分布情况如图3.4所示，超过25%的牧场配种率均高于70%，50%的牧场集中分布于58%～70%，平均值为62.9%，中位数为66%，最大值为80%，最小值为11%。

对配种率最高的牛群进行针对性探源分析，显示其高配种率的原因主要包括4个方面：一是全年持续稳定的配种工作，未因节日及季节影响牛只配种工作；二是产后牛及空怀牛同期流程的良好应用；三是辅助发情监测工具（计步器、尾根涂蜡笔等）应用较好；四是繁育人员的责任心和执行力更强。

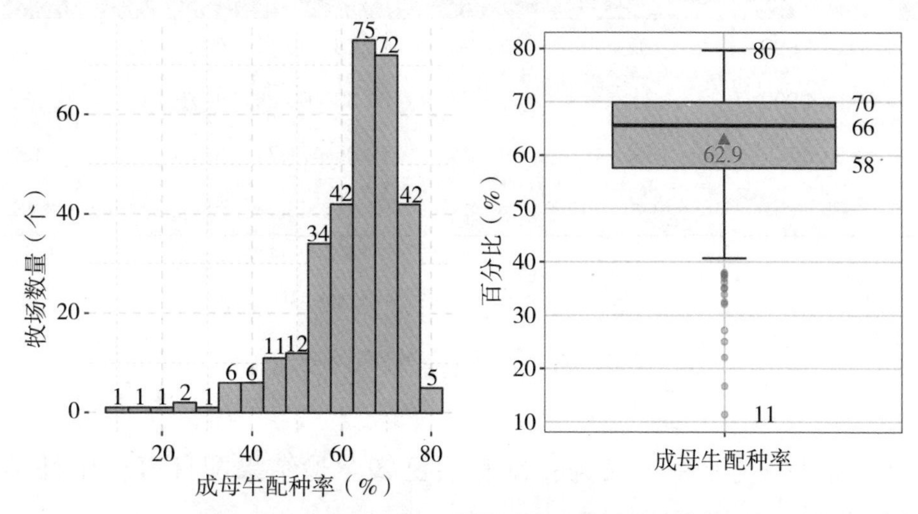

图3.4 各牧场成母牛21天配种率分布统计（n=311）

与怀孕率一样，笔者对不同群体规模的配种率表现进行了分组统计分析（表3.2），可以发现，牧场规模越大，平均配种率水平则越高，组内不同牧场间的差异也较小（标准差较小），这个结果与怀孕率表现趋势一致。各规模分组中配种率最高值差异不明显（1%～9%）；但最小值方面，5 000头以上规模牧场配种率（平均值大于等于70.85%）明显高于5 000头以下牧场（平均值66.83%、62.28%、53.86%），同样反映大型牧场繁育流程相对完善与操作规程相对标准。各分组配种率最大值无明显差异，表明优秀的配种率表现与群体规模并无明显的相关关系，任何规模群体的牧场均有取得优秀的配种率表现的能力和潜力。

表3.2 不同群体规模牧场21天配种率统计结果（n=311）

全群规模（头）	牧场数量（个）	牧场数量占比（%）	平均值（%）	中位数（%）	最大值（%）	最小值（%）	标准差（%）
<1 000	76	24.44	53.86	55.84	71.13	22.16	10.28

（续表）

全群规模（头）	牧场数量（个）	牧场数量占比（%）	平均值（%）	中位数（%）	最大值（%）	最小值（%）	标准差（%）
1 000～1 999	102	32.80	62.28	65.11	75.80	16.75	9.90
2 000～4 999	80	25.72	66.83	68.26	79.72	11.43	9.05
≥5 000	53	17.04	70.85	71.72	76.75	57.13	5.18
总计	311	100.00	62.85	65.59	79.72	11.43	10.88

第三节 成母牛受胎率

成母牛受胎率定义为：配种后已知孕检结果配种事件中怀孕的百分比，计算方法如下：

$$成母牛受胎率（\%）=\frac{配种后初检怀孕的事件数}{配种事件总数（已知孕检结果）}\times 100$$

313个牧场受胎率分布情况如图3.5所示。所有牧场中，受胎率最高为60%，最低为19%，四分位数范围为33%～43%（50%最集中牧场的分布范围），平均值为38%，中位数为38%。

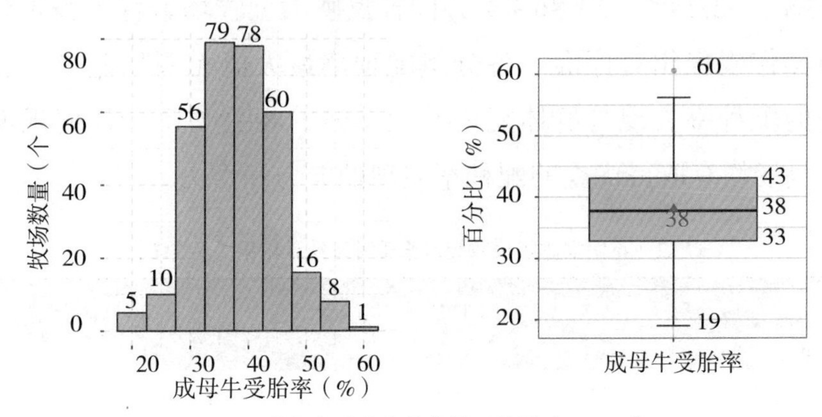

图3.5 成母牛受胎率分布情况统计（n=313）

对不同群体规模的成母牛受胎率表现进行分组统计（表3.3），可以看出，5 000头以上规模组内差异最小（标准差最小），2 000头以内规模牧场组内差异最大。虽然成母牛受胎率无法反映参配率的缺点，但不可否认成母牛受胎率的高低对于牧场繁殖策略的选择以及牧场效益高低具有重要的参考意义，所以牧场在制定繁育流程时，应结合牧场成母牛受胎率结果进行综合分析和考量。

表3.3　不同群体规模的受胎率表现

全群规模（头）	牧场数量（个）	牧场数量占比（%）	平均值（%）	中位数（%）	最大值（%）	最小值（%）	标准差（%）
<1 000	76	24.28	34.33	32.94	56.19	18.98	6.78
1 000～1 999	102	32.59	37.44	37.02	56.02	20.66	6.84
2 000～4 999	81	25.88	38.90	38.39	54.70	26.65	6.16
≥5 000	54	17.25	43.01	43.70	60.53	31.67	4.99
总计	313	100.00	38.02	37.70	60.53	18.98	6.96

对不同群体规模不同配种方式（主要包括：自然发情、同期处理和定时输精）下受胎率表现进行分组统计（表3.4），可以发现，3种配种方式的受胎率呈现随牧场规模越大受胎率越高的趋势。其中，3种配种方式的受胎率在5 000头以上规模组均最大（41.5%～45.7%），但1 000头以内规模牧场3种配种方式受胎率较低（34.9%～35.8%），进一步反映出大型牧场相对完善的繁育流程与相对标准的操作规程在生产实践中的优势。

表3.4　不同群体规模在不同配种方式下受胎率表现

规模	牧场数量（个）	牧场数量占比（%）	定时输精（%）	同期处理（%）	自然发情（%）
<1 000	75	24.0	35.1	34.9	35.8
1 000～1 999	102	32.7	40.0	38.2	37.4

（续表）

规模	牧场数量（个）	牧场数量占比（%）	定时输精（%）	同期处理（%）	自然发情（%）
2 000～4 999	81	26.0	42.9	40.1	38.5
≥5 000	54	17.3	45.4	45.7	41.5
总计	312	100.0	41.4	39.1	38.0

第四节　成母牛不同配次受胎率

对过去一年312个牛群的成母牛不同配次受胎率进行分析（图3.6），可见产后第1次配种受胎率平均值>第2次配种受胎率平均值>第3次及以上配种受胎率平均值（分别为42.5%、39.6%、33%），各牧场不同配次受胎率及不同配次间受胎率差异如图3.7所示。第1次配种受胎率四分位数范围为37%～48%，第2次配种受胎率四分位数范围为35%～44%，第3次配种受胎率四分位数范围为28%～38%（四分位数范围为50%最集中牧场的分布范围）。

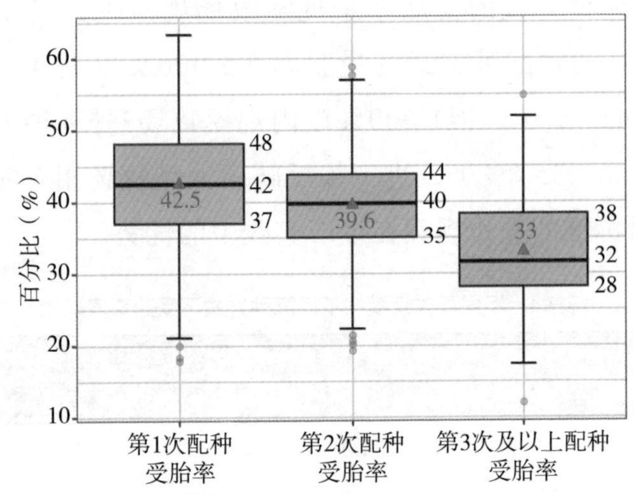

图3.6　各牧场成母牛不同配次受胎率分布箱线图（*n*=312）

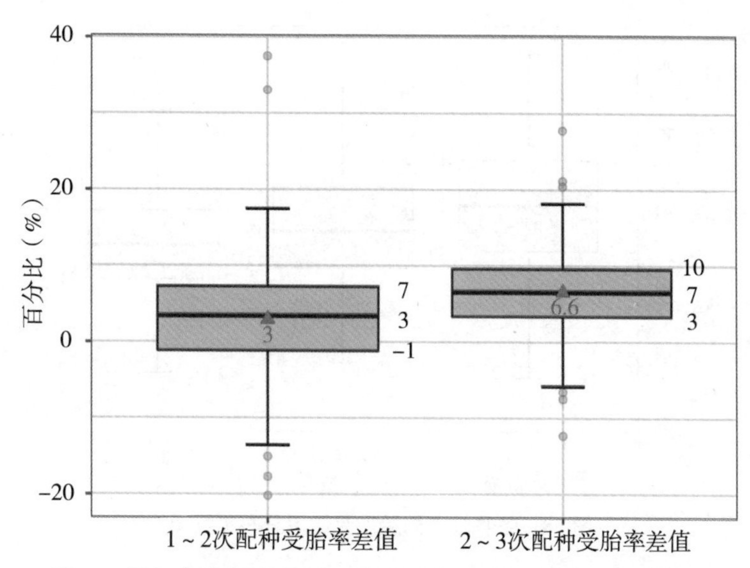

图3.7　牧场成母牛不同配次受胎率及前3次受胎率差异（*n*=312）

对前两次配种分别进行了统计学的差异性分析（图3.7），可见超过29%（91/312）的牧场第1次配种受胎率仍然低于之后几次配种受胎率，分析其原因，主要在3个方面：一是不完善的产后护理及保健流程；二是产后牛同期方案执行不佳；三是配种过早，主动停配期设置不够合理。

第五节　成母牛不同胎次受胎率

对过去一年286个牛群的成母牛不同胎次牛只受胎率进行分析，结果如图3.8所示。可见，第1胎次配种受胎率平均值>第2胎次配种受胎率平均值>第3胎次配种受胎率平均值（分别为40.9%、37.7%、35.9%），第1胎次受胎率四分位数范围为35%～47%，第2胎次受胎率四分位数范围为33%～43%，第3胎次及以上受胎率四分位数范围为31%～40%（50%最集中牧场的分布范围）。

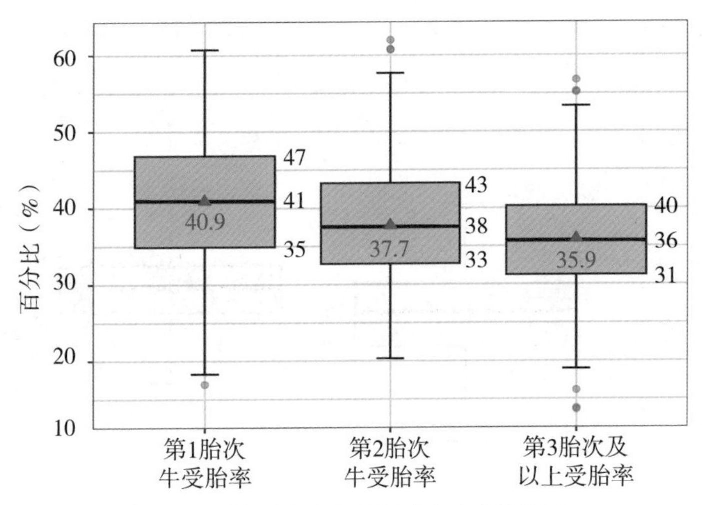

图3.8 各牧场不同胎次受胎率分布箱线图

对于第1胎及第2胎单独进行了差异性分析（图3.9），可见有24%（70/286）牧场第1胎的受胎率结果低于第2胎，分析原因，主要集中在以下4个方面：一是不完善的产后护理及保健流程；二是青年牛围产天数不足；三是第1胎配种过早，主动停配期设置不合理；四是第1胎21天配种率低于经产牛。

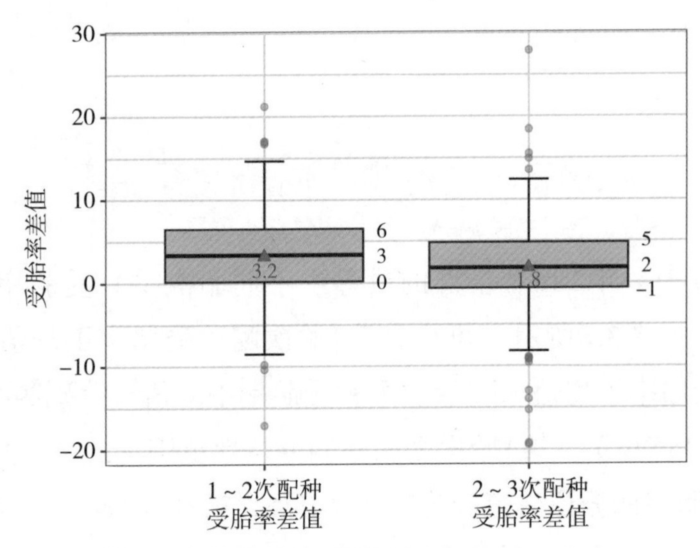

图3.9 牧场成母牛不同胎次受胎率差异（*n*=286）

第六节 成母牛150天未孕比例

成母牛150天未孕比例，定义为全群产后150天以上成母牛群中，未孕牛只的比例，计算方法如下。

$$成母牛150天未孕比例（\%）= \frac{产后天数>150天未孕牛头数}{产后天数>150天总牛头数} \times 100$$

成母牛150天未孕比例监测的意义主要在于：一是用来反映牧场全群成母牛怀孕效率；二是反映成母牛群中繁殖问题牛群比例。150天未孕比例越低，则表明成母牛群繁殖效率越高，同时成母牛牛群结构中有繁殖问题牛群占比越少。

对305个牧场进行了统计分析，所有牧场中（图3.10），成母牛150天未孕比例平均为24%，中位数为22%，最高值为70%，最低值为10%，四分位数范围18%～28%（50%最集中牛群的分布）。

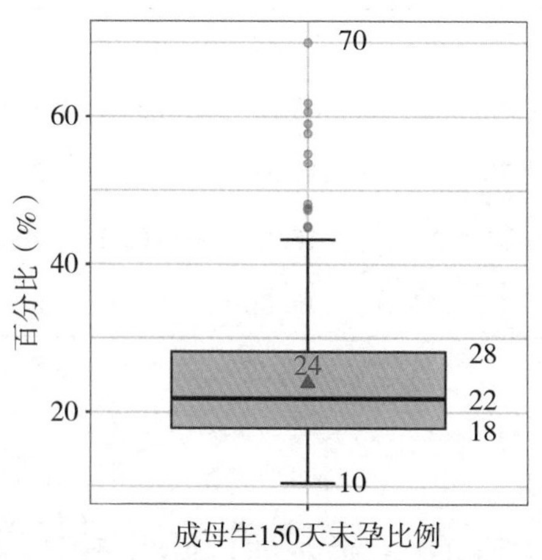

图3.10 成母牛150天未孕比例分布箱线图（n=305）

以牛群规模作为分组标准，不同群体规模分组统计结果表明

（图3.11、表3.5），群体规模越大，其成母牛150天未孕比例平均值表现越低，且组内差异较小。该结果表明规模较大的牧场，更加重视数据化管理，有较好的关键指标体系管理，并且会及时关注牛群结构指标并做出相应调整，保持较好的牛群结构比例。

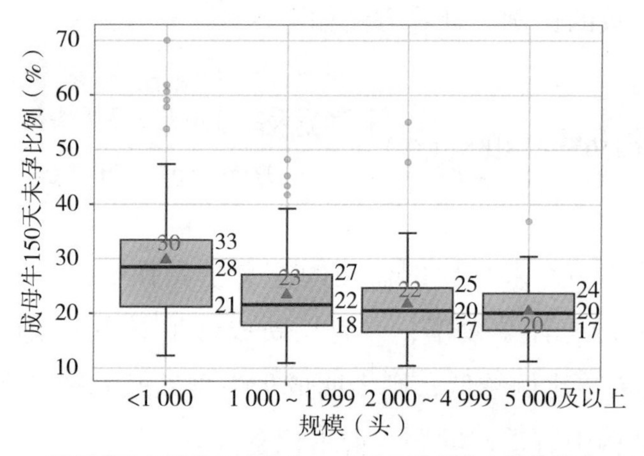

图3.11　不同群体规模分组成母牛150天未孕比例分布箱线图（*n*=305）

表3.5　不同群体规模分组成母牛150天未孕比例统计结果（*n*=305）

全群规模（头）	牧场数量（个）	牧场数量占比（%）	平均值（%）	中位数（%）	最大值（%）	最小值（%）
<1 000	76	24.92	29.73	28.46	70.00	12.29
1 000～1 999	100	32.79	23.32	21.59	48.18	10.94
2 000～4 999	78	25.57	21.71	20.50	54.99	10.45
≥5 000	51	16.72	20.42	20.06	36.86	11.26
总计	305	100.00	24.02	21.87	70.00	10.45

第七节　平均首配泌乳天数

平均首配泌乳天数，定义为成母牛群中首次配种时的平均产后天数，计算方法为截至当前成母牛中所有当前胎次有配种记录成母牛的平均首配泌乳天数。平均首配泌乳天数主要用来反映牧场成母牛首次配种的及时性，可作为牛群首次配种方案评估的参考值。

308个牛群中首配泌乳天数分布情况如图3.12所示。平均首配泌乳天数最大为87天，最小为42天，平均值为69天，中位值为69天，四分位数范围65～73天（50%最集中牛群的分布）。

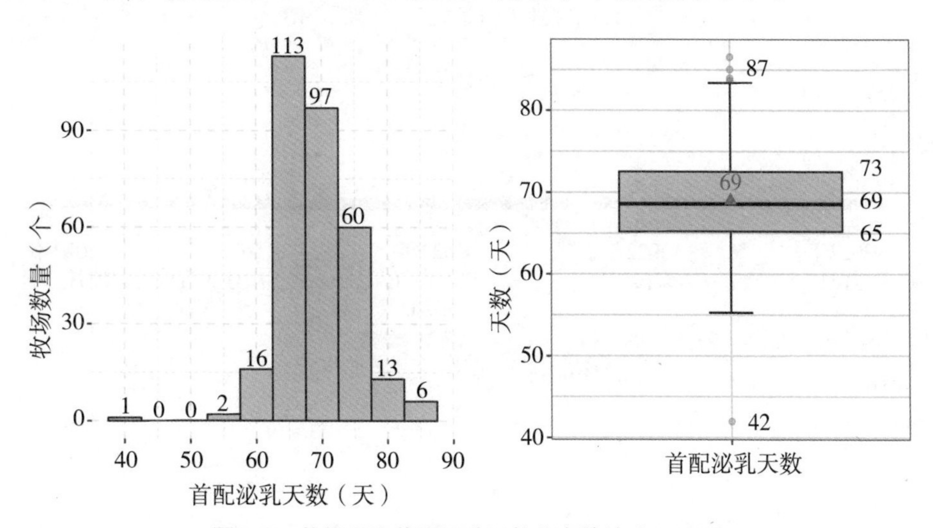

图3.12 牧场平均首配泌乳天数分布统计（n=318）

对其中318个牛群成母牛主动停配期统计发现，成母牛主动停配期参数设置最大值300天，最小值34天，平均值为58天，中位数60天，平均值和中位数均低于首配泌乳天数，两指标之间差值的平均值为11天，表明实际生产中首配泌乳天数较主动停配期长11天。因此，建议牧场根据实际情况设定成母牛主动停配期，以保证成母牛产后在主动停配期后及时配种。

为进一步分析首次配种分布的差异情况，我们选取了平均首配泌乳天数最低的4个牧场进行了具体的分布情况查询，这4个牧场的首次配种模式分布情况如图3.13所示。以牧场2为例，其平均泌乳天数为42天，但从其过去一年的首次配种散点图上可以看到，首次配种的方案并不理想，首次配种并不集中，离散度较高，且存在配种过早及配种过晚的牛只（成母牛主动停配期34天），该示例体现出平均值指标应用于生产分析时存在的片面性。因此，在分析数据时，必须对选用指标的参考性及意义加以甄辨。

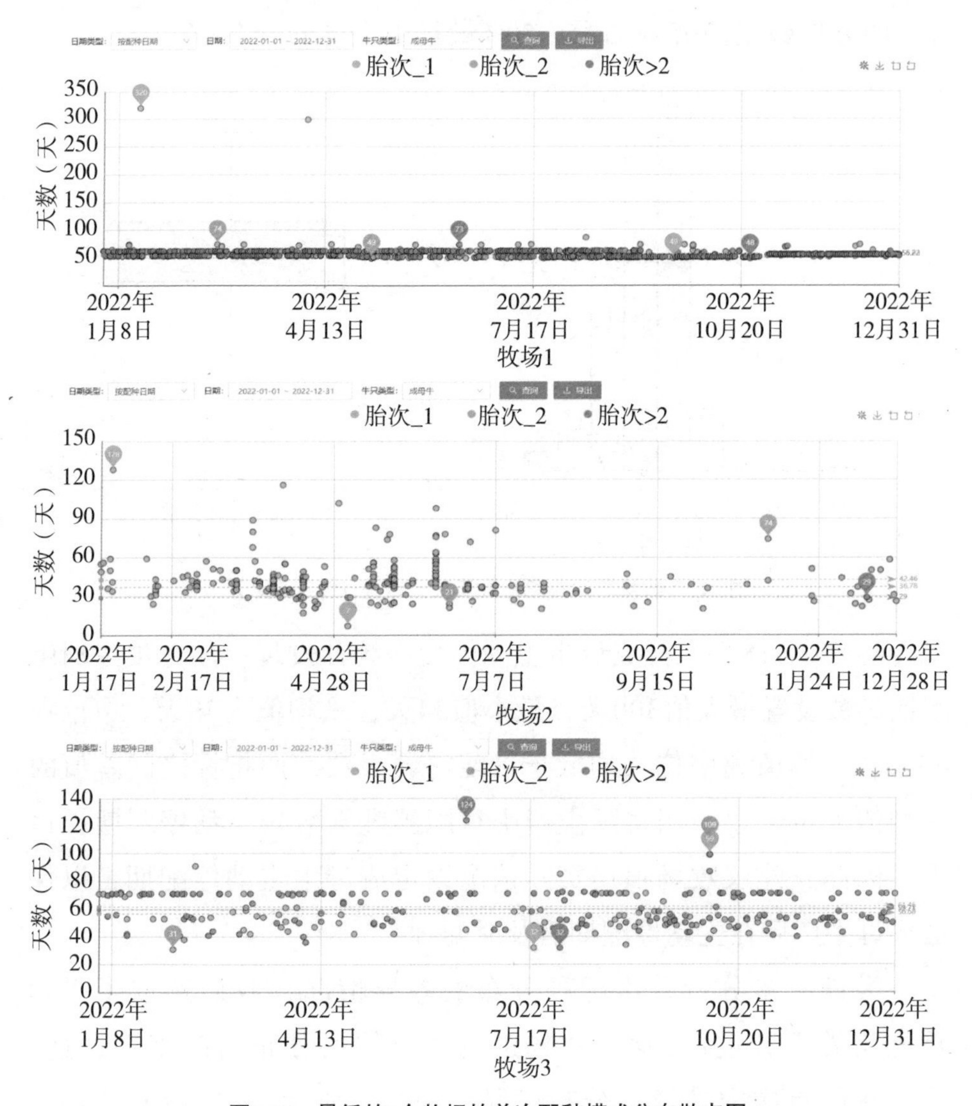

图3.13　最低的4个牧场的首次配种模式分布散点图

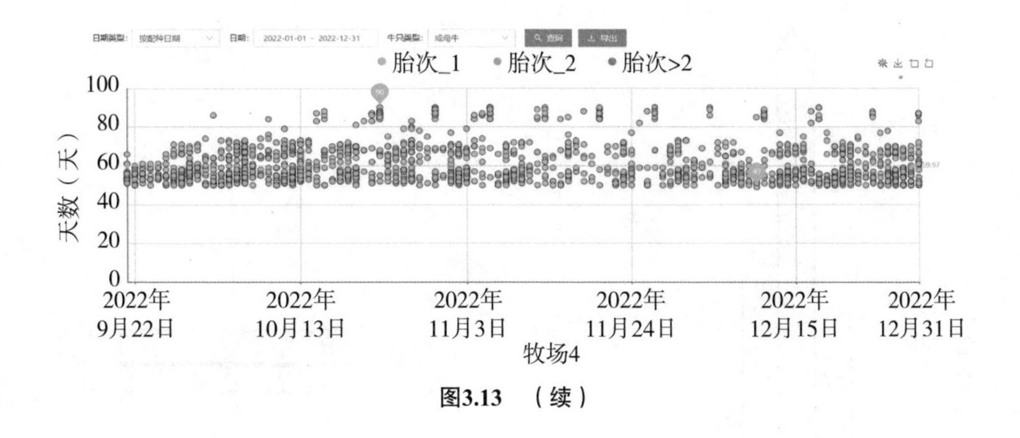

图3.13　（续）

第八节　平均空怀天数

空怀天数（也称配妊天数），对于未孕牛只，其定义为牛只产后至今的天数；对于已孕牛只，其定义为牛只产后至配种结果为怀孕的配种日期的天数；平均空怀天数算法为当前所有在群成母牛空怀天数的平均值。该指标可作为当前成母牛群的繁殖效率及牛只当前胎次繁殖方案实际执行效果的参考值。但其同时受到流产牛、禁配牛等异常牛群比例的影响。因该指标统计牛只仅基于某一个时间点状态计算其空怀天数，与21天怀孕率、怀孕牛比例等指标并不处于同一时间维度，所以本书中不对其进行相关关联分析。

308个牛群中平均空怀天数分布情况如图3.14所示，各牛群中平均空怀天数平均值为126天，中位数为124天，四分位数范围113～137天（50%最集中牧场的分布情况），最大值为243天，最小值为124天。

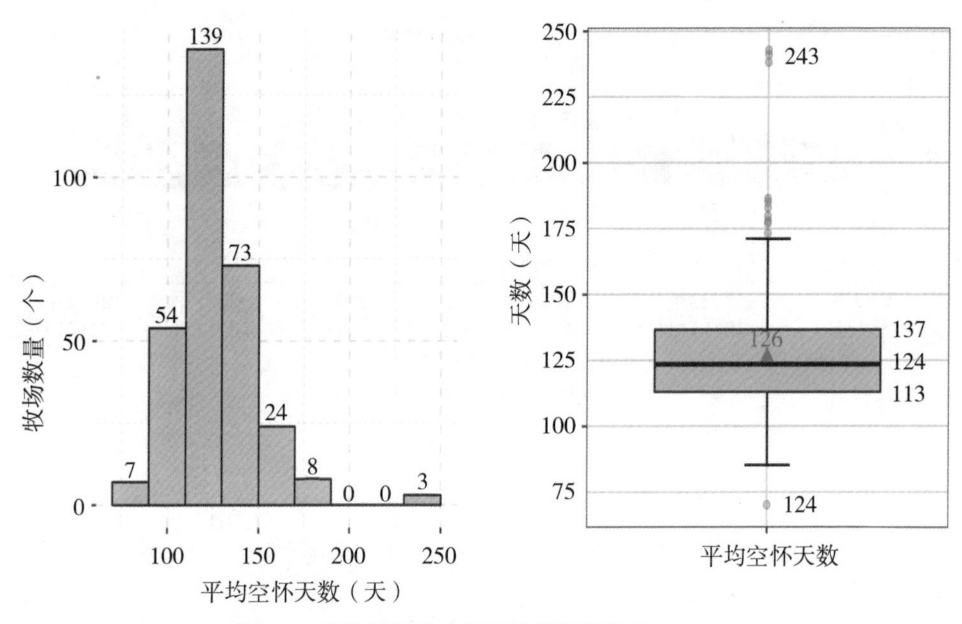

图3.14　各牧场平均空怀天数分布统计（*n*=308）

第九节　平均产犊间隔

产犊间隔，指经产牛本次产犊与上次产犊时的间隔天数，其计算方法为牛只本次产犊日期减去上次产犊日期。牛只至少产犊两次才可以计算产犊间隔。平均产犊间隔为经产牛群产犊间隔的平均值，虽然存在反映的繁殖效率滞后的缺点，但可作为牛群上一胎次繁殖效率的很好的评估标准。

对311个牧场进行统计分析（图3.15），结果可见，样本牧场产犊间隔的平均值为402天，中位数为401天，四分位数范围390～413天（50%最集中牧场的分布情况），最大值为486天，最小值为318天。

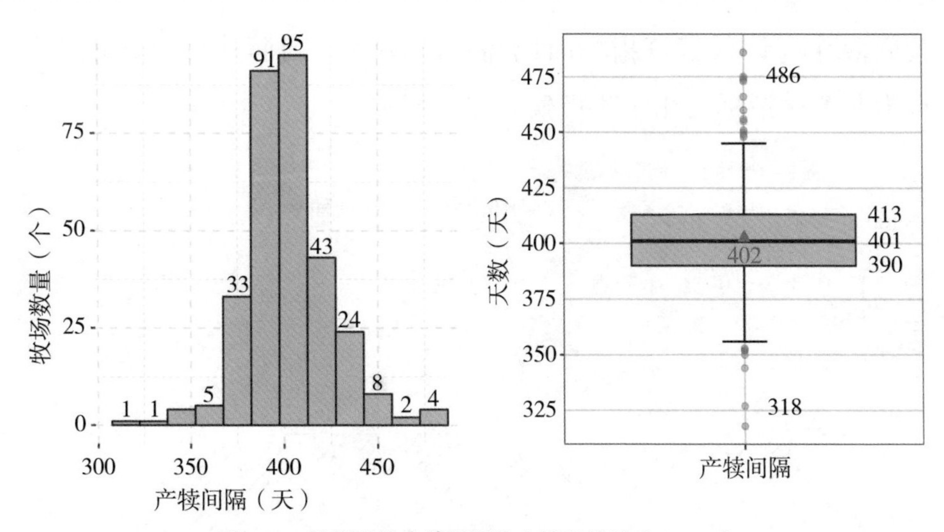

图3.15 牧场平均产犊间隔分布情况统计（n=311）

对比过去3年的产犊间隔分布情况（图3.16），可见产犊间隔整体表现稳中有进。此外，产犊间隔并不是越低越好，特别低的产犊间隔可能反映出牧场早产率过高。

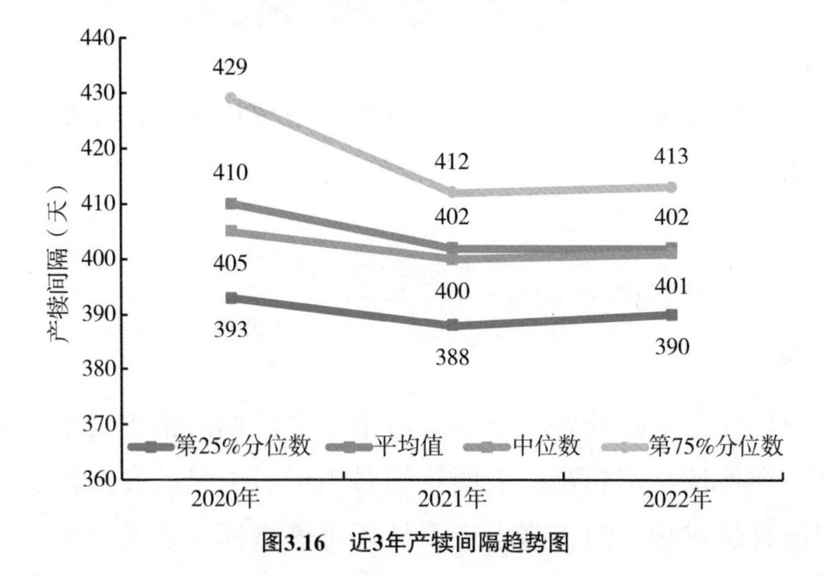

图3.16 近3年产犊间隔趋势图

对2021年至少有10个月及以上月度怀孕率且产犊间隔较低的4个牧场数据做进一步深入分析，可见，其2021年度21天怀孕率均在30%以上（分别为31%、37%、37%、36%），进一步彰显了产犊间隔作为评估繁育指标时的滞后性缺点，因而建议宜将该指标作为参考性指标，用于生产实践更为稳妥。

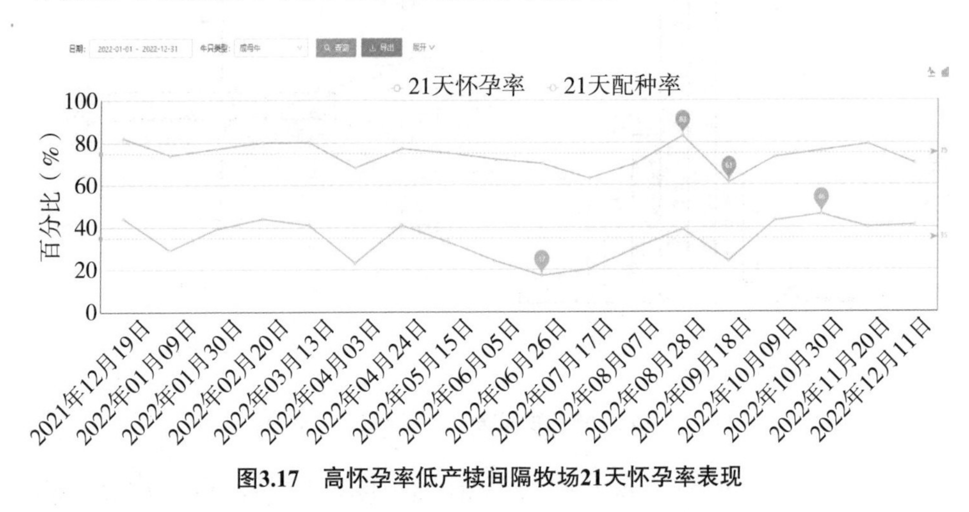

图3.17　高怀孕率低产犊间隔牧场21天怀孕率表现

第十节　孕检怀孕率

孕检怀孕率，指成母牛孕检总头数中孕检怀孕的比例，计算方法如下。

$$孕检怀孕率（\%）=\frac{成母牛孕检怀孕事件数}{成母牛孕检事件总数}\times 100$$

孕检怀孕率是反映成母牛配后第一个情期发情揭发率的有效指标，孕检怀孕率越高，表明牧场对于配后牛只的发情揭发工作越积极且越成功。但很多生产人员通过该指标评估受胎率，这是对孕检怀孕率的误解。因为能够及时发现牛只返情，是不必等到孕检即可发现空怀的。所以其更重要的作用是评估发情揭发率的表现，是对发情揭发制度体系和配种人员工作效率的评价参考。

309个牧场过去一年的孕检怀孕率情况见图3.18。可见各牧场成母牛孕检怀孕率平均值为61.7%，中位数为62%，四分位数范围56%～68%（50%最集中牧场的分布情况），最高值为88%，最低值为33%。

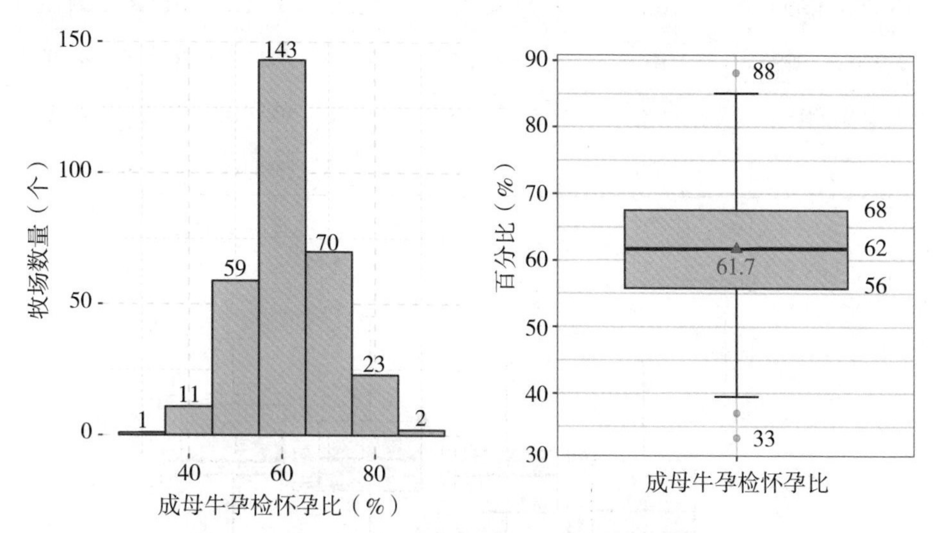

图3.18　牧场成母牛孕检怀孕率分布情况统计（*n*=309）

由于群体规模及人员配置与繁育人员工作方式有很大关联性，我们对不同群体规模分组的孕检怀孕率进行了分析（表3.6、图3.19），发现2 000头以下牧场仍有较大提升空间，5 000头以上牧场变异范围相对最小，分析原因，主要是大型牧场有较为规范的繁育操作规程和人员工作检核机制且人员执行力较好等因素的综合结果。

此外，通过分析牧场成母牛配种后首次孕检时孕检天数，得出309个牧场首次孕检天数平均值为35.8天，中位数为35.6天，平均首次孕检天数最大的牧场为68天，最小的为29天，而孕检怀孕率和首次孕检天数之间的相关关系为0.118，呈现较弱的相关关系，这也说明孕检怀孕率为反映成母牛配后第一个情期发情揭发率的有效指标，但与牧场孕检天数的相关性不高。

表3.6　不同群体规模分组的孕检怀孕率统计分布情况（*n*=309）

全群规模（头）	牧场数量（个）	牧场数量占比（%）	平均值（%）	中位数（%）	最大值（%）	最小值（%）
<1 000	73	23.62	57.12	55.91	78.49	33.28
1 000～1 999	102	33.01	60.95	61.23	81.88	41.92
2 000～4 999	81	26.21	63.90	63.57	85.11	43.37
≥5 000	53	17.15	65.85	63.10	88.16	49.35
总计	309	100.00	61.66	61.70	88.16	33.28

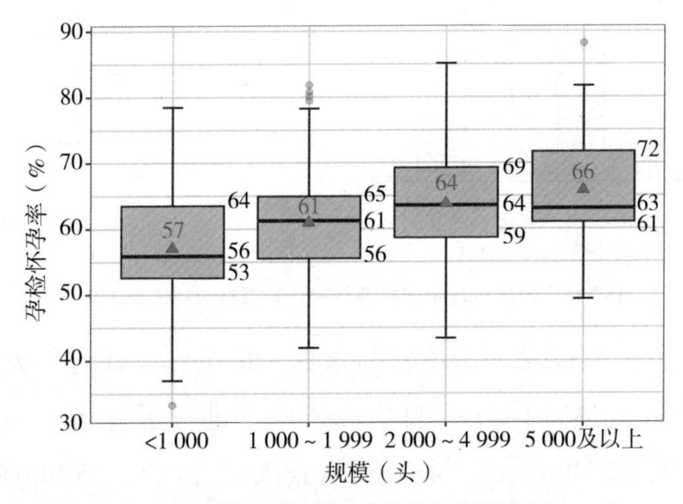

图3.19　不同群体规模孕检怀孕率分布箱线图（*n*=309）

第四章 健康关键生产性能现状

保证牛群健康是提高牧场盈利能力的关键手段之一。随着生产水平的持续发展，保证牛群的健康也不再仅仅依靠药物治疗，更多牧场接受、理解、实施保障牛群健康的综合措施理念，即牛群的健康是对生产兽医学的思维的接受与科学的实践应用的基础上获得的。繁殖、乳房健康、精准饲养及营养供给、奶牛舒适度，这些方面管理水平的提高，最终都将转化为死淘率下降、乳房炎发病率下降及产后代谢病发病率的降低。本章汇总统计分析了样本牛群中的健康指标表现，包括成母牛死淘率，产后30天与60天死淘率，年度乳房炎发病率、产后繁殖、代谢病发病率，以及关联影响牛群健康的平均干奶天数及围产天数，流产率的表现情况及分布范围等指标。

第一节 成母牛死淘率

在310个牧场的共计147 794条成母牛死淘记录中，淘汰记录占比达80.7%（119 268/147 794），死亡记录占比19.3%（28 526/147 794），可见死淘牛群中淘汰牛群占主要部分。

310个牧场的死淘率分布情况如图4.1所示，可见成母牛死淘率平均值为30%，最大值61.52%，最小值1.64%，中位数30%；成母

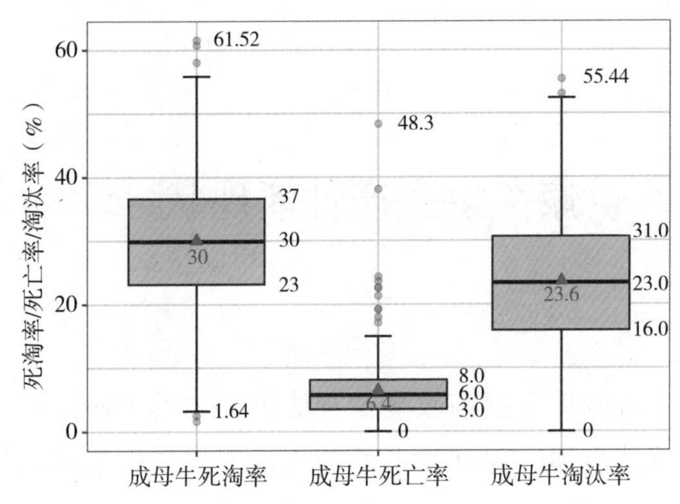

图4.1　牧场成母牛年死淘率、死亡率及淘汰率风险分布

牛死亡率平均值6.4%，最大值48.3%，最小值0%，中位数6.0%；成母牛淘汰率平均值23.6%，最大值55.44%，最小值0%，中位数23%。成母牛年死淘率、死亡率及淘汰率计算方法如下。

$$成母牛年死淘率（\%）= \frac{成母牛死亡与淘汰总数}{成母牛年总平均饲养头数} \times 100$$

$$成母牛年淘汰率（\%）= \frac{成母牛淘汰总数}{成母牛年总平均饲养头数} \times 100$$

$$成母牛年死亡率（\%）= \frac{成母牛死亡总数}{成母牛年总平均饲养头数} \times 100$$

对其中292个有主动被动淘汰记录的牧场分析后发现，成母牛主动淘汰占比平均为36.1%，中位数35.0%，四分位数范围21.5%～48.1%（50%最集中牧场的分布情况）。

按胎次对死淘牛只进行分组统计结果如图4.2所示，1胎牛占比26.3%，2胎牛占比23.6%，3胎及以上牛只占比50.1%。其中1胎、2胎、3胎及以上淘汰牛只占比均超过死亡牛只占比的3倍以上。

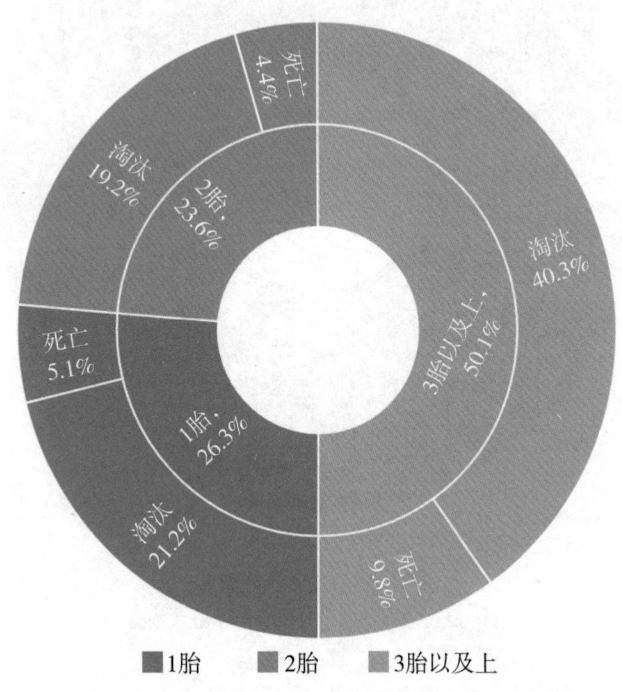

图4.2　不同胎次组死淘牛只占比情况（*n*=147 794）

死亡、淘汰牛只主要死淘阶段分布情况如图4.3所示，147 794头死淘牛只中有29.0%的牛只在产后300天以上淘汰（42 854头），12.26%在产后30天内淘汰（18 121头），5.73%在产后61～90天内淘汰（8 475头）；8.62%在产后60天内死亡（12 734头）。与2021年数据相比，产后300天以上淘汰占比（30.1%）减少1.1个百分点，产后30天内淘汰占比（14.3%）减少2.04个百分点，产后60天内死亡占比（9.6%）减少0.98个百分点，表明了产后30天内和产后300天以上牛只因疾病等原因淘汰减少，牛群健康管理有所提升，产后60天内死亡减少，说明样本牛群产后管理水平得到了提升。

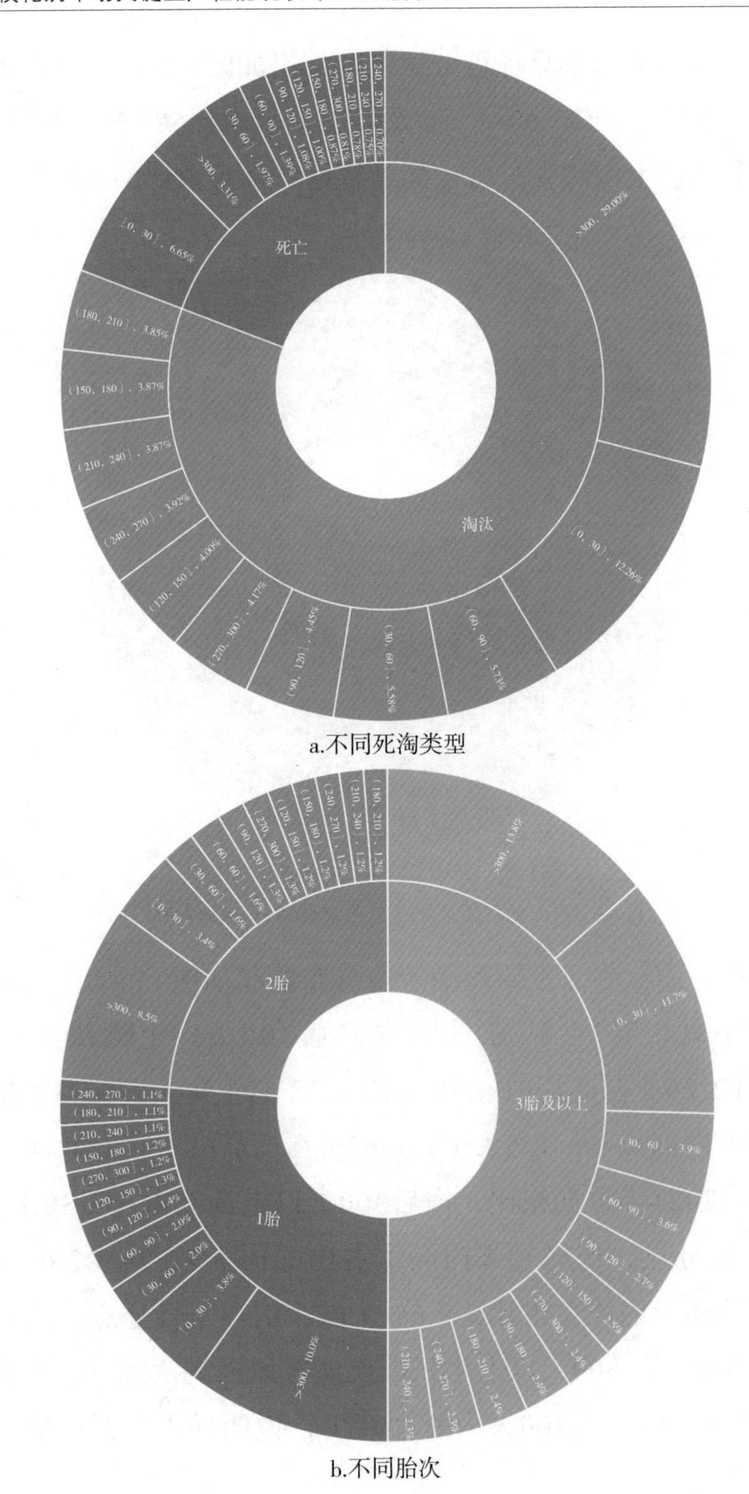

a.不同死淘类型

b.不同胎次

图4.3　不同死淘类型和胎次分组下死淘阶段分布占比

不同胎次牛只主要死淘阶段分布情况如图4.3所示，3胎及以上牛只死淘主要发生在产后300天以上（占总死淘13.8%），产后30天内（11.7%），第1胎牛、第2胎牛死淘主要发生产后300天以上（10.0%、8.5%）。与2021年数据相比，第3胎及以上产后300天以上淘汰占比（14.5%）减少0.7个百分点，产后30天内淘汰占比（13.4%）减少1.7个百分点，表明了3胎及以上牛只产后30天内和产后300天以上因疾病等原因淘汰减少，牛群健康管理有所提升。

可见，牛只淘汰主要发生在产后30天内和300天以上，牛只死亡主要发生在产后30天内。具体分析产后300天以上淘汰原因发现，主要原因为低产（10 284头）、不孕症（8 858头）、其他原因（7 642头），以及滑倒卧地不起（劈叉）（1 559头）。前两项不孕症和低产原因淘汰均为主动淘汰。

产后30天、60天内死淘汰原因将在下节主要分析。

对147 794条死淘记录按死淘原因进行分析（图4.4、表4.1），可见占比最高的5种死淘原因依次为，低产（14.9%）、不孕症（6.5%）、

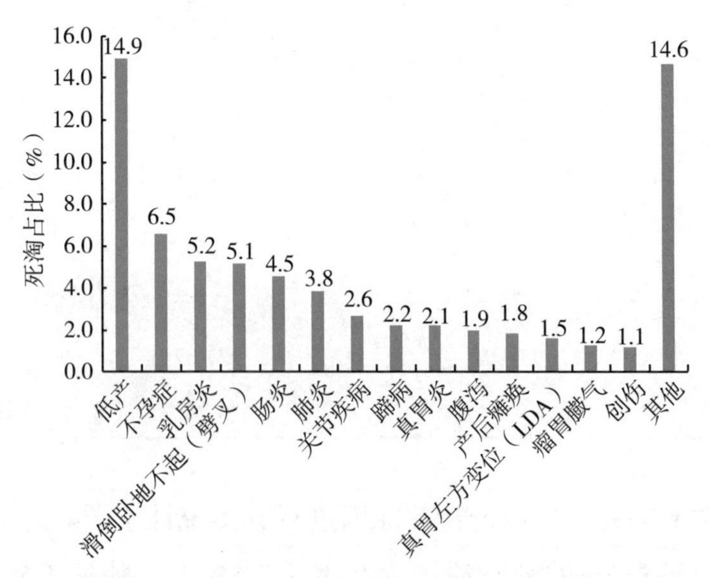

图4.4　死淘记录中主要死淘原因占比

乳房炎（5.2%）、滑倒卧地不起（劈叉）（5.1%）与肠炎（4.5%），其中“其他”原因占比高达14.6%，主要原因是没有明确具体死淘原因，因此建议在录入记录时，应尽可能地确定牛只发生死淘的具体原因，并录入完整信息，减少模糊性描述，以便为针对性制定防治方案提供依据。

表4.1　死淘原因中占比最高的15种死淘原因数量及占比

序号	死淘原因	死淘头数（头）	死淘占比（%）
1	低产	22 005	14.9
2	不孕症	9 645	6.5
3	乳房炎	7 676	5.2
4	滑倒卧地不起（劈叉）	7 537	5.1
5	肠炎	6 678	4.5
6	肺炎	5 630	3.8
7	关节疾病	3 860	2.6
8	蹄病	3 185	2.2
9	真胃炎	3 175	2.1
10	腹泻	2 838	1.9
11	产后瘫痪	2 657	1.8
12	真胃左方变位（LDA）	2 288	1.5
13	瘤胃臌气	1 794	1.2
14	创伤	1 666	1.1
15	其他	21 576	14.6
合计		102 210	69.0

对主要的死亡原因与淘汰原因进行分类统计（图4.5、图4.6），可见占比超过5%的死亡原因为肠炎（7.5%）、肺炎（5.7%）、

乳房炎（5.3%）；占比超过5%的淘汰原因为低产（18.5%）、不孕症（8.1%）、滑倒卧地不起（劈叉）（5.3%）和乳房炎（5.2%）。

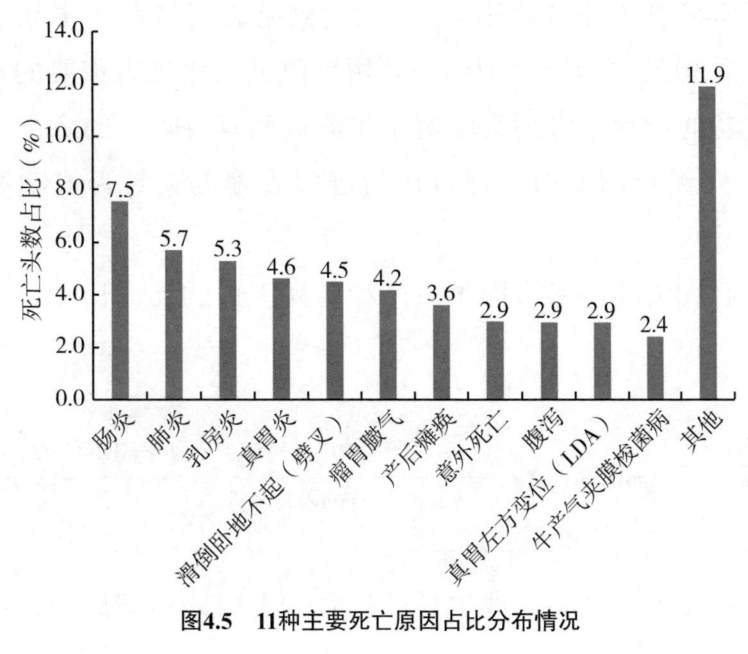

图4.5　11种主要死亡原因占比分布情况

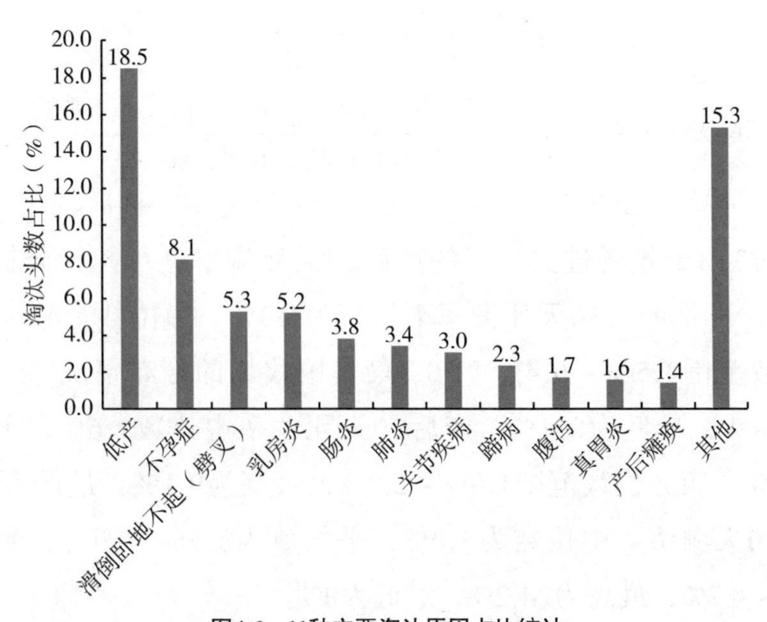

图4.6　11种主要淘汰原因占比统计

第二节　产后30天与60天死淘率

通常泌乳牛在产后第6～12周达到泌乳高峰期，牛只健康地度过产后30天、60天对于奶牛利用价值最大化具有重要的意义，所以成功的产后牛管理策略对于牛群盈利具有重要的意义。产后30天、60天死淘率即为评价产后健康管理方案是否成功的重要指标。

产后30天死淘率，即牛只产犊后30天内的死淘比例，计算方法如下。

$$\text{产后30天死淘率（\%）}=\frac{\text{产犊牛产后30（}\leqslant 30\text{）天内死淘事件数}}{\text{产犊牛事件总数}}\times 100$$

产后60天死淘率，即牛只产犊后60天内的死淘比例，计算方法如下。

$$\text{产后60天死淘率（\%）}=\frac{\text{产犊牛产后60（}\leqslant 60\text{）天内死淘事件数}}{\text{产犊牛事件总数}}\times 100$$

对313个牧场过去一年的产后30天死淘率进行统计分析（图4.7），可见产后30天死淘率平均值为5.3%，中位数为4.8%，四分位数范围3.5%～6.4%（50%最集中牧场的分布情况），最高为26.4%，最低为0.4%。产后30天死亡率中位数1.6%，平均值为1.8%，四分位数范围1.0%～2.4%，最高为9.1%，最低为0%。产后30天淘汰率中位数为3.0%，平均数为3.5%，四分位数范围1.6%～4.7%，最高为24.2%，最低为0%。

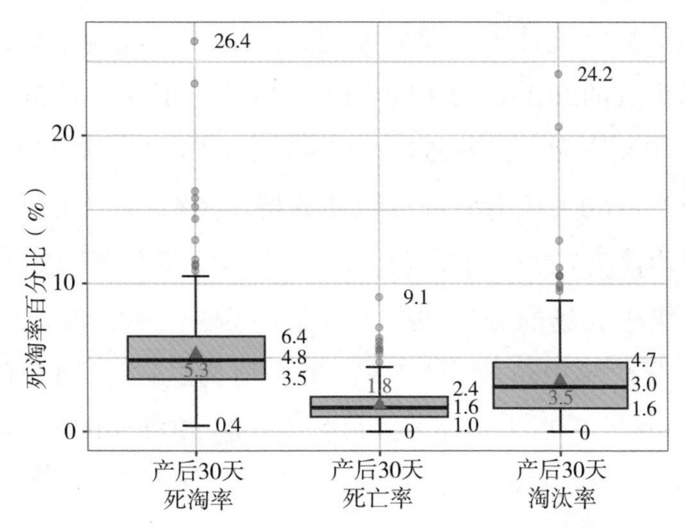

图4.7　各牧场产后30天死淘率分布情况（*n*=313）

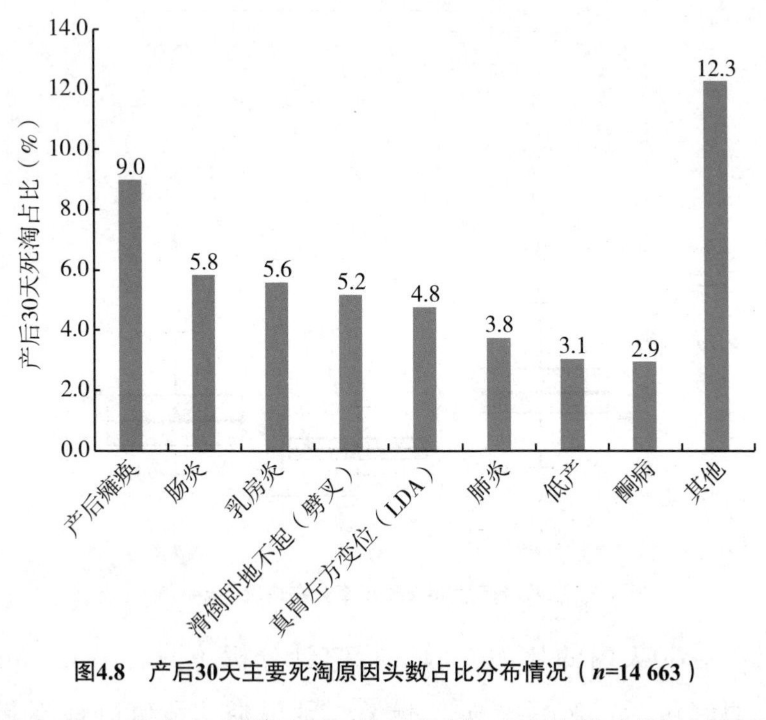

图4.8　产后30天主要死淘原因头数占比分布情况（*n*=14 663）

对产后30天内的死淘原因进行统计，可见最主要的原因包括：产后瘫痪、肠炎、乳房炎、滑倒卧地不起（劈叉）、真胃左方变位（LDA）、肺炎、低产和酮病。

在死淘数据统计中，我们发现，产后60天死淘牛只占全部成母牛死淘头数的26.5%（39 104/147 794），其中产后30天死淘牛只占产后60天死淘牛只71.5%（27 945/39 104）。对313个牧场过去一年的产后60天死淘率进行统计分析（图4.9），可见产后60天死淘率平均值为7.2%，中位数为6.7%，四分位数范围5.0%～8.7%（50%最集中牧场的分布情况），最高为36.1%，最低为0.6%。产后60天死亡率中位数为2.1%，平均值为2.3%，四分位数范围1.3%～3.0%，最高为11.6%，最低为0%。产后60天淘汰率中位数为4.3%，平均数为4.9%，四分位数范围2.4%～6.5%，最高为33.1%，最低为0.1%。

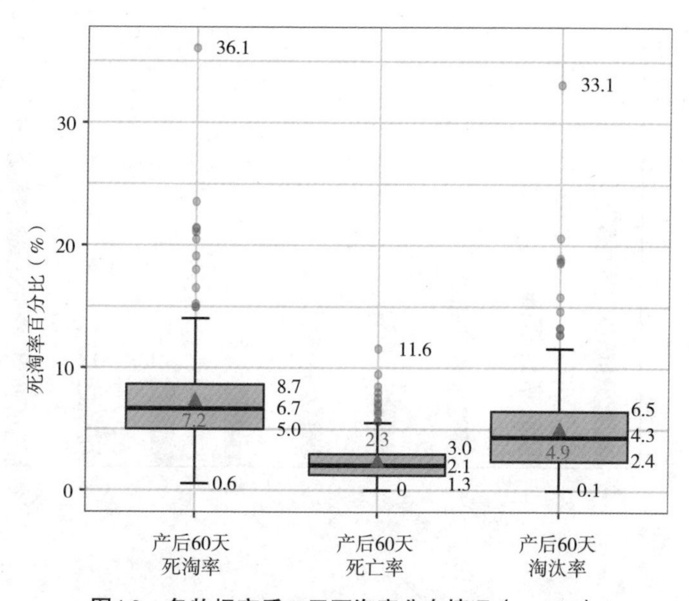

图4.9　各牧场产后60天死淘率分布情况（*n*=313）

对产后60天内的死淘原因进行统计分析（图4.10），可见最主要的原因包括：产后瘫痪、肠炎、乳房炎、滑倒卧地不起（劈叉）、真胃左方变位（LDA）、低产和肺炎。后面的章节我们将对乳房炎和产后代谢疾病分别进行较为深入的分析。

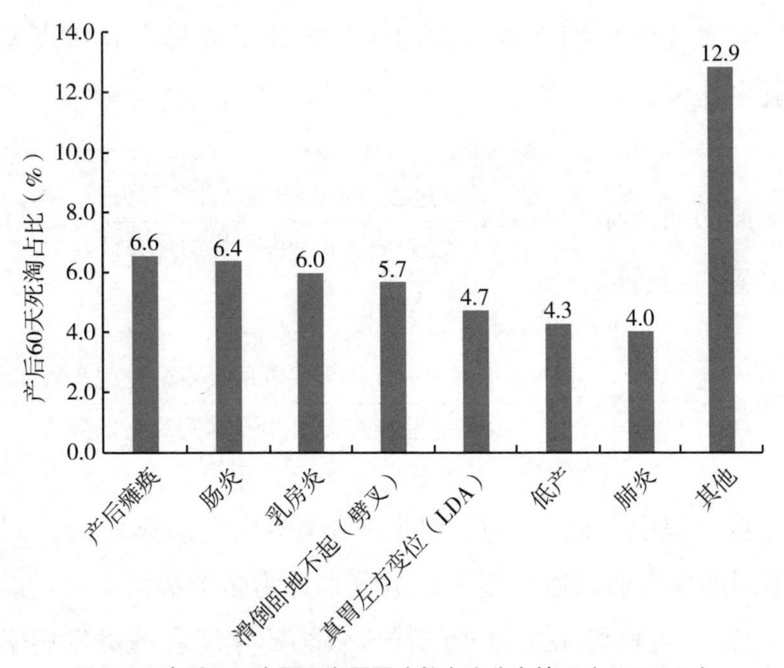

图4.10　产后60天主要死淘原因头数占比分布情况（*n*=19 761）

因此，建议牧场应在做好记录的基础上，对死淘率进行针对性的分析，探明引起死淘的主要原因并对主要原因进行排序，以便制定针对性的应对策略，持续降低死淘率。

第三节　年度乳房炎发病率

众所周知，乳房炎是一类奶牛乳腺受多种因素影响所致的疾病。研究显示，乳房炎是造成奶牛养殖业经济损失最大的疾病。美国国家乳房炎防治委员会10年前统计因乳房炎平均每年每头奶牛损失超过200美元，乳房炎引起的损失占牛奶生产过程中损失的70%，这尚不包括治疗费、抗奶丢弃、治疗人力成本、淘汰牛和死亡牛。导致乳房炎高发病率的主要原因可归纳为管理不善、挤奶程序不合理，及对产奶量不断的追求等方面。

计算乳房炎发病率时，我们区分统计了成母牛乳房炎发病率及泌乳牛乳房炎发病率。

$$\text{成母牛乳房炎发病率（\%）} = \frac{\text{过去一年乳房炎事件登记头数}}{\text{过去一年成母牛平均饲养头日数}} \times 100$$

$$\text{泌乳牛乳房炎发病率（\%）} = \frac{\text{过去一年泌乳牛乳房炎事件登记头数}}{\text{过去一年泌乳牛平均饲养头日数}} \times 100$$

计算过程中，同一牛只在同一胎次多次发病算一头，同一牛只在不同胎次发病时以发生的次数分别计为多个头次。

对276个可供乳房炎分析的样本牧场的年度乳房炎发病率进行统计分析（图4.11），可见成母牛乳房炎发病率中位数为15.0%，平均值为16.1%，四分位数范围8.0%～22.0%（50%最集中牧场的分布情况），最高为51.2%，最低为0.2%。泌乳牛乳房炎发病率中位数为17.0%，平均值为18.4%，四分位数范围10.0%～25.0%，最高为58.3%，最低为0.2%。

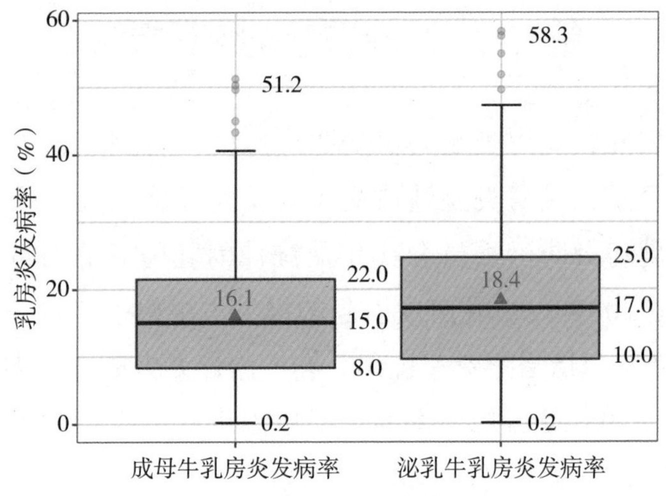

图4.11　牧场年度乳房炎发病率分布情况统计（*n*=276）

第四节　产后繁殖、代谢病发病率

在妊娠阶段，母牛要供给犊牛所需要的一切营养物质，所以自身会保持很高的相关激素水平，采食量下降，并且有可能动用自身的营养物质，导致能量负平衡，这就抑制了母牛自身的防御体系，而产犊时母牛又可能消耗大量能量，就会产生相应的应激反应，导致代谢紊乱，随之而来的就是发生代谢性疾病风险增大，最主要的挑战为低血钙及酮病，由此关联产生的常见繁殖、代谢疾病包括胎衣不下、子宫炎、产后瘫痪、真胃移位等。

产后繁殖、代谢病发病率的计算方法如下。

$$\text{产后繁殖、代谢病发病率（\%）} = \frac{\text{产后30（≤30）天对应疾病事件登记头数}}{\text{过去一年产犊事件总数}} \times 100$$

注：同一牛只在同一胎次多次发病算一头，同一牛只在不同胎次发病时以发生的次数分别计为多个头次。

排除数据为0的牧场，对过去一年各产后繁殖、代谢病的发病率进行统计，分析结果如图4.12及表4.2所示。结果可见，样本牧场牛只产后有更高的发生胎衣不下及子宫炎的风险。

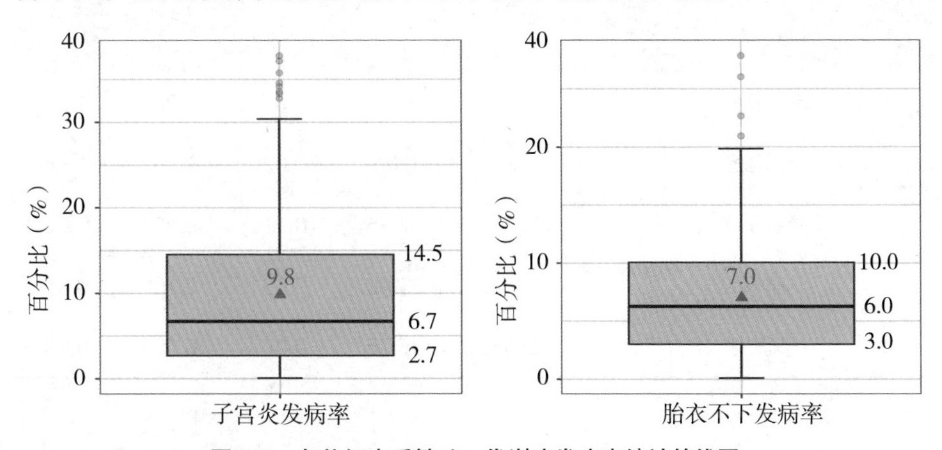

图4.12　各牧场产后繁殖、代谢病发病率统计箱线图

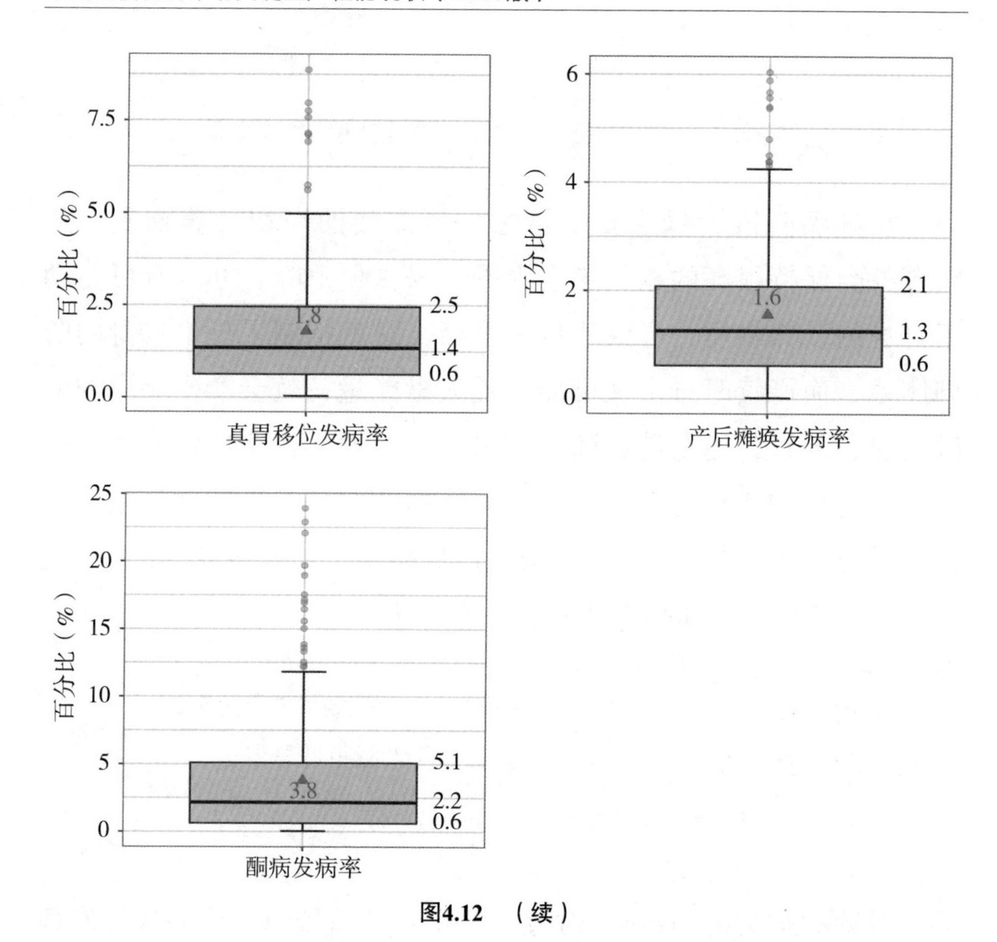

图4.12　（续）

表4.2　各牧场产后繁殖、代谢病发病率统计结果

病名	牧场个数（个）	最大值（%）	最小值（%）	中位数（%）	平均值（%）
真胃移位	228	8.87	0.04	1.35	1.80
产后瘫痪	239	6.04	0.02	1.26	1.56
胎衣不下	258	27.85	0.11	6.26	7.02
酮病	235	23.92	0.05	2.16	3.80
子宫炎	254	37.75	0.07	6.68	9.83

第五节 平均干奶天数及围产天数

干奶天数，定义为牛只从干奶到产犊时所经历的天数。围产天数，定义为牛只从进围产到产犊时的天数。

成功分娩和实现奶牛价值最大化的关键在于干奶期的成功饲养，其中围产期则起着更加重要的决定性作用。为保证奶牛有足够的营养物质供给犊牛发育，需保证奶牛合理的干奶期及围产期，所以通常需要牧场持续监测及评估牛群的干奶天数及围产天数，这些指标通常可以反映出牛群围产期管理的好坏，并与牛群产后的健康状况显著相关。理想的干奶天数为60天左右，围产天数为21天左右，更多的牛只分布在这个范围之内应是所有牧场追求的目标。由于平均值的局限性，所以平均值仅作为参考，对于不同牛群之间的比较，平均值也仅可作为参考，如果想更好地评估干奶天数或者围产天数是否合理，应该深入查看牛群的围产天数分布范围情况（图4.13）。

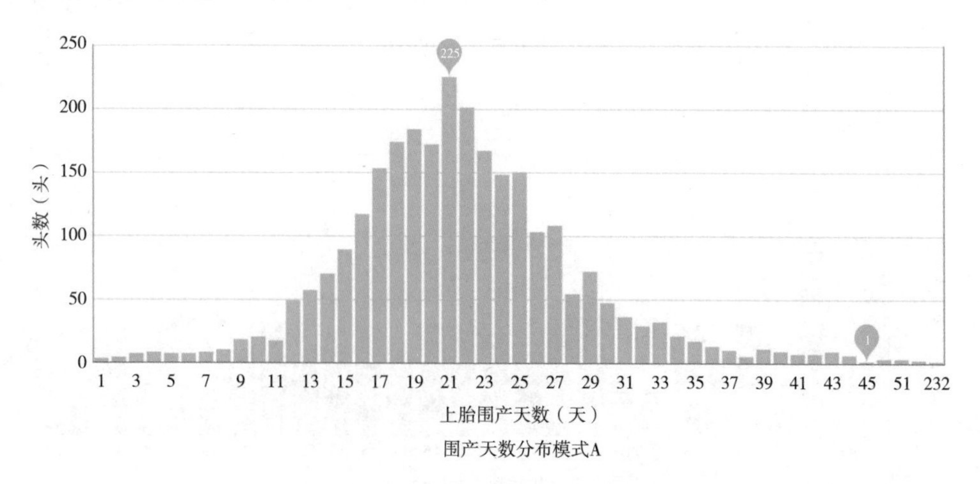

图4.13 几种不同的围产天数分布模式

注：A、B理想的围产天数分布情况；C、D不理想的围产天数分布情况。

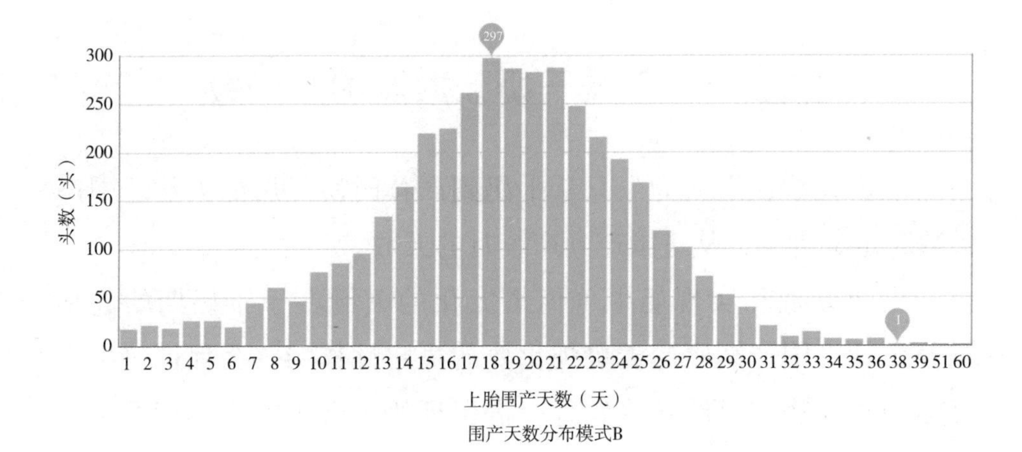

围产天数分布模式B

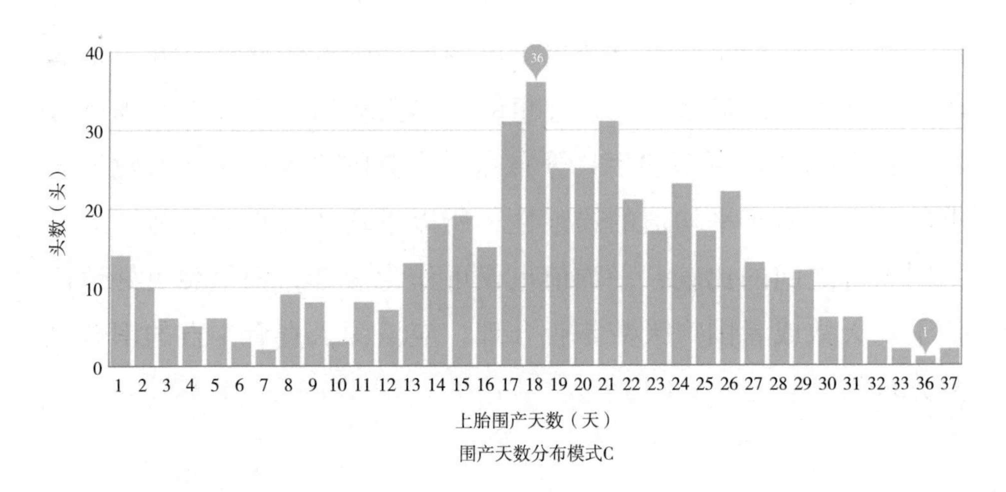

围产天数分布模式C

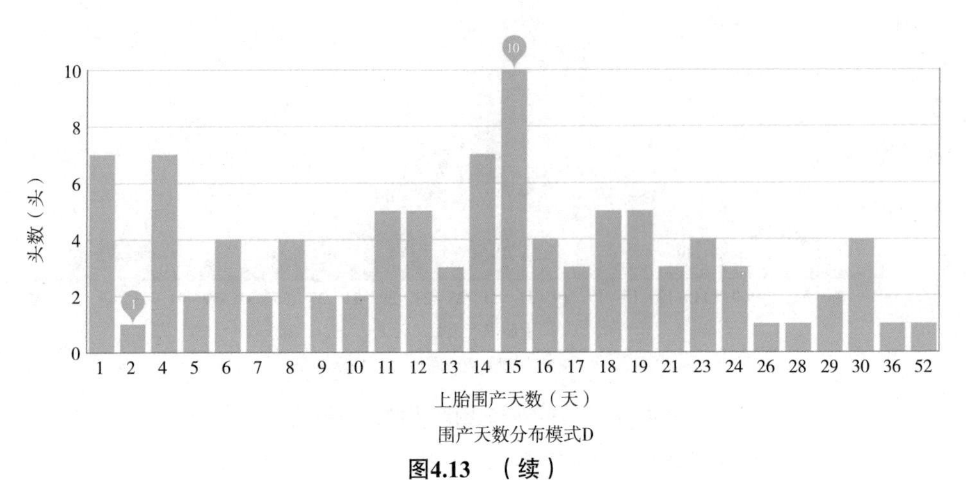

围产天数分布模式D

图4.13 （续）

样本中有286个可进行围产天数分析的牧场。对这些牧场截至2022年12月31日所有在群牛只上胎围产天数平均值进行统计（图4.14），可见平均围产天数中位数为23天，平均值为24天，四分位数范围21～26天（50%最集中牧场的分布情况），最高为60天，最低为10天。

286个牧场当中，有一个牧场平均围产天数指标最低为10天，核查牧场具体原因后发现，该牧场成母牛围产天数参数设置为250天（即怀孕天数达到250天时转围产），但牧场2022年有127条转围产记录，多数为集中转围产，且转围产时牛只怀孕天数超过270天的有21头。保证数据记录完整性和准确性的基础上，建议围产天数设置较大的牧场，及时转群或适当调整围产天数至255天左右，以保证牛只围产天数在21天左右。

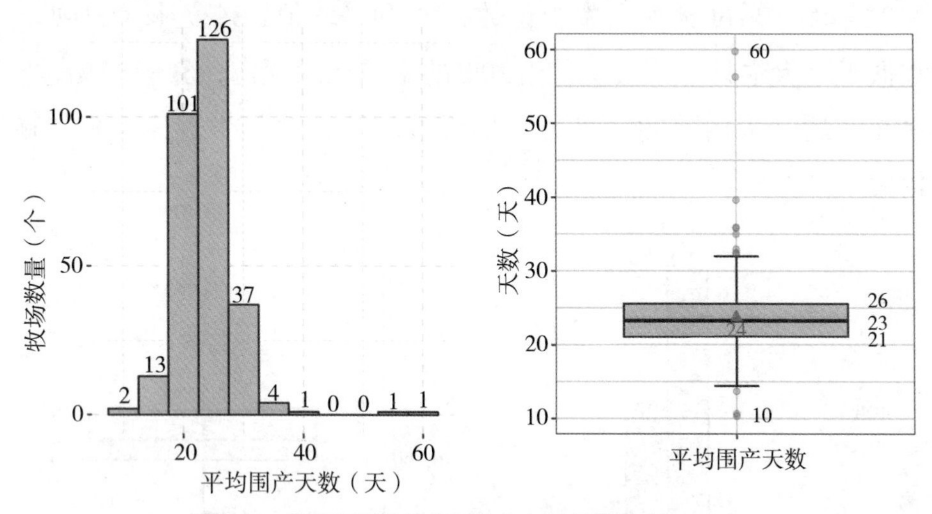

图4.14 各牧场平均围产天数分布情况统计（*n*=286）

出现平均干奶天数过长的状况，通常是由于牧场存在较多的非正常干奶牛，导致统计数字偏大。而出现平均干奶天数过短时，通常是由于牧场存在较大比例的流产或者早产牛只。

样本中有313个可进行干奶天数分析的牧场。对这些牧场截至

2022年12月31日所有在群牛只上胎干奶天数平均值进行统计（图4.15），可见平均干奶天数中位数为64天，平均值为65天，四分位数范围60～69天（50%最集中牧场的分布情况），最高为97天，最低为25天。

313个牧场当中，有2个牧场平均干奶天数低至45天，核查具体原因后发现，一个牧场全群牛头数在300头左右，干奶天数参数设置均为210天，2022年全年干奶牛只较少，仅5头（干奶天数分别为2天、3天、32天、39天、51天），样本较少无参考意义；另一个牧场全群牛头数在2 000头左右，干奶天数参数设置均为220天，41%干奶牛干奶天数低于45天，所以平均干奶天数较低，进一步查看该牧场产后代谢病发病率及产后60天死淘率，发现该牧场疾病事件未进行录入，但产后60天内死亡率较高为6.5%，高于2022年度产后60天死亡率中位数2.1%和平均值2.3%，核查干奶天数低于45天牛只（73头），近20%的牛只产后死淘，其中57%的牛只在产后60天内死淘，可见干奶天数较短，对奶牛健康负面影响较大。

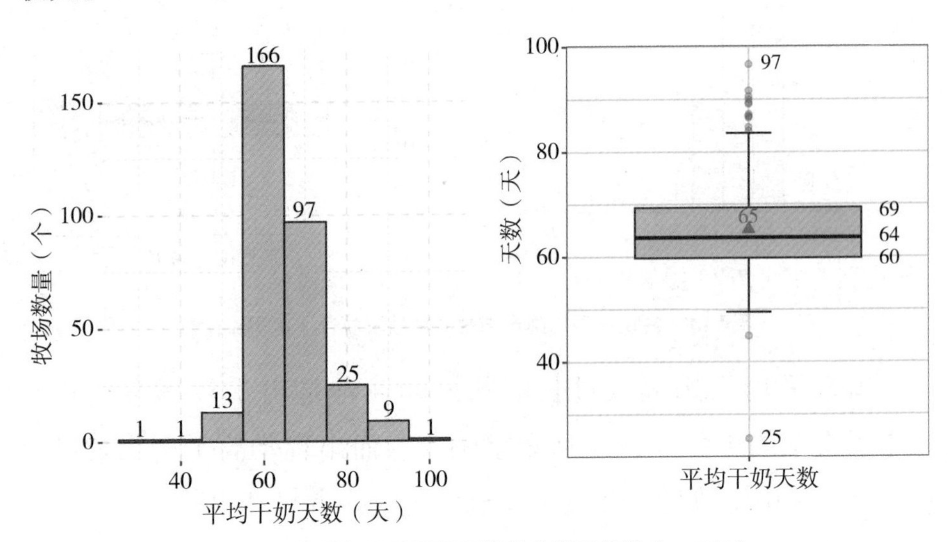

图4.15　各牧场平均干奶天数分布情况统计（*n*=313）

第六节 流产率

流产，或称妊娠损失（Pregnant loss），是由于胎儿或者母体的生理过程发生扰乱，或它们之间的正常关系受到破坏，而使妊娠中断，一般指怀孕42～260天的妊娠中断、胎儿死亡。

成母牛流产率（全）[①]，计算方法如下。

$$\text{成母牛流产率（全）（\%）}=\frac{\text{成母牛配种事件中配种结果为流产事件数}}{\text{成母牛配种事件中配种结果为流产+怀孕总数}}\times 100$$

青年牛流产率（全），计算方法如下。

$$\text{青年牛流产率（全）（\%）}=\frac{\text{青年牛配种事件中配种结果为流产事件数}}{\text{青年牛配种事件中配种结果为流产+怀孕总数}}\times 100$$

对310个牧场成母牛流产率（全）和306个牧场青年牛流产率（全）进行分析，结果如图4.16、图4.17所示。成母牛流产率（全）

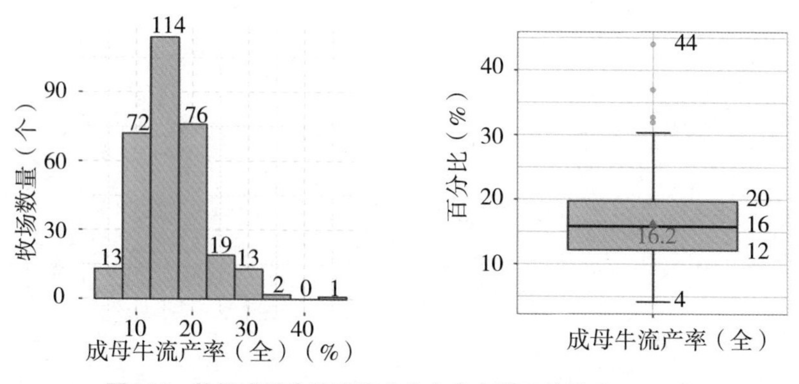

图4.16 牧场成母牛流产率（全）分布情况统计（*n*=310）

① 全为包含复检空怀的意思，是为了与系统保持一致。

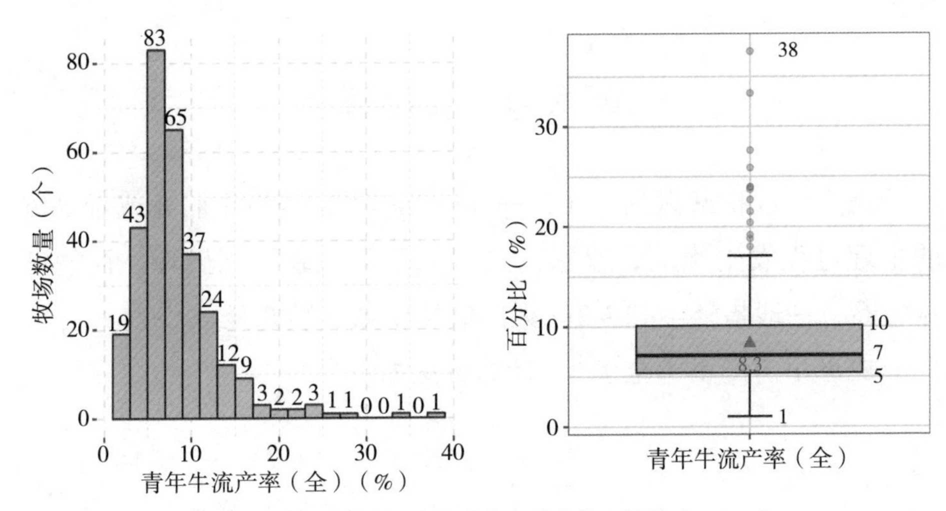

图4.17　牧场青年牛流产率（全）分布情况统计（*n*=306）

最高为44%，最低为4%，平均值为16.2%，中位数为16%，四分位数范围12%～20%（50%最集中牧场的分布情况）。青年牛流产率（全）最高为38%，最低为1%，平均值为8.3%，中位数为7%，四分位数范围5%～10%（50%最集中牧场的分布情况）。

第五章 后备牛关键繁育性能现状

后备牛（青年牛）是牧场的未来，后备牛繁育表现好坏，决定了牧场的成母牛群能否得到及时的补充，并且后备牛繁育效率的高低直接决定了牧场的后备牛成本。本章对后备牛繁殖管理中常见的指标，诸如后备牛21天怀孕率、青年牛配种率、青年牛受胎率、青年牛平均首配日龄、青年牛平均受孕日龄、17月龄未孕比例等指标分别进行了统计分析并加以说明。

第一节 后备牛21天怀孕率

排除没有后备牛及后备牛资料不全的牧场，对过去一年291个牛群的后备牛21天怀孕率进行统计分析，其分布情况如图5.1所示。

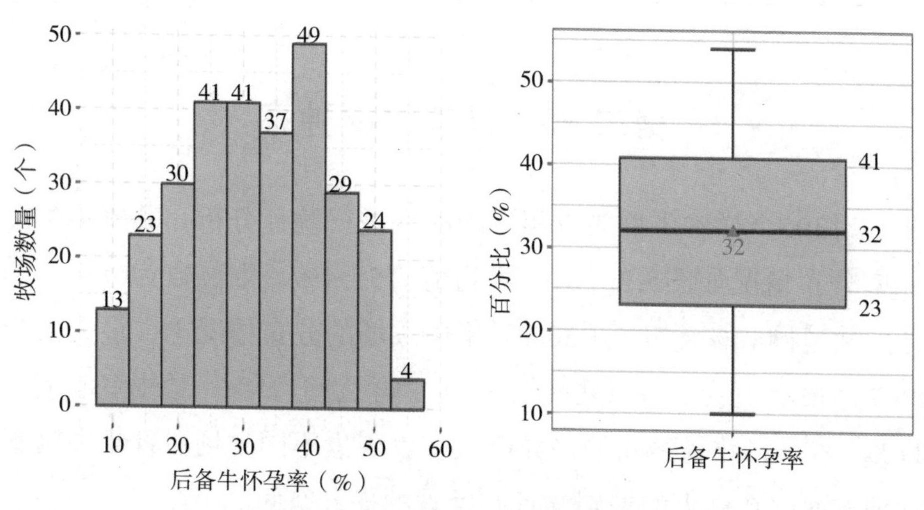

图5.1 牧场后备牛21天怀孕率分布情况统计（*n*=291）

平均值为32%，中位数为32%，四分位数范围23%～41%（50%最集中牧场的分布情况），高于2021年度（怀孕率平均值为30%，中位数为30%）。

对不同规模牧场的后备牛21天怀孕率表现进行分组统计分析（表5.1），可以发现，不同全群规模分组中，后备牛怀孕率变化情况与成母牛基本一致，即牧场规模越大，平均怀孕率水平则越高，反映出大型牧场相对完善的繁育流程、相对标准的操作规程及一线较高的执行能力。当然，同时也表明中小牧场在繁育提升方面有较大的空间。

表5.1　不同群体规模牧场后备牛21天怀孕率统计结果（*n*=291）

全群规模（头）	牧场数量（个）	牧场数量占比（%）	平均值（%）	中位数（%）	最大值（%）	最小值（%）	标准差（%）
<1 000	66	22.68	22.39	21.56	49.21	10.10	8.64
1 000～1 999	96	32.99	30.61	30.00	54.11	10.22	10.14
2 000～4 999	77	26.46	34.72	34.80	51.44	11.42	8.93
≥5 000	52	17.87	42.83	45.27	53.61	24.76	7.28
总计	291	100.00	32.02	32.16	54.11	10.10	11.22

第二节　青年牛配种率

对305个样本牛群的青年牛配种率进行统计分析，其青年牛配种率分布情况如图5.2所示。平均值为55.4%，中位数为58%，四分位数范围42%～71%（50%最集中牧场的分布情况），最大值为88%，最小值为11%。可见，不同牛群之间青年牛配种率范围为11%～88%，牧场之间的差异巨大，表现出不同牛场在青年牛繁育管理方面存在极大的差别，且有巨大的提升空间。

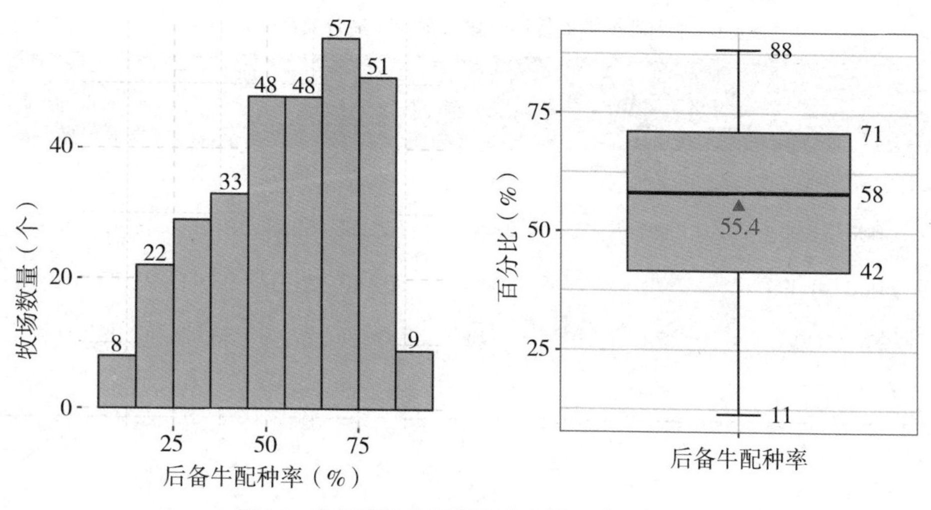

图5.2 牧场青年牛配种率分布情况（*n*=305）

配种率超过70%的共有86个牧场，其平均怀孕率可达44.4%，高配种率为高怀孕率提供了保障。

但在这86个牧场中，一个配种率较高的牧场其怀孕率却比较低（配种率为70%，受胎率为44%，怀孕率为30%），究其原因，主要是配种方式中自然发情（591头）和同期处理（70头）方式的受胎率较低，分别为45%、37%。建议青年牛参配前严格评估是否达到参配标准，以此来准确制定青年牛主动停配期；因发情监测设备成本较高，建议降低成本，结合青年牛同期发情流程的修订和执行，在青年牛最佳的发情时间进行配种，以提高配种受胎率。

对不同群体规模的青年牛配种率表现进行分组统计（表5.2），可以发现，不同规模牧场分组中，牧场规模越大，平均配种率水平则越高。这一结果与怀孕率表现情况基本一致，同样反映出大型牧场相对完善的繁育流程、相对标准的操作规程和相对到位的一线执行能力。各分组配种率最大值反映出，优秀的配种率表现与群体规模并无显著性相关关系，任何规模的群体均有取得优秀的配种率表现的机会。

表5.2　不同群体规模牧场青年牛配种率统计结果（*n*=305）

全群规模（头）	牧场数量（个）	牧场数量占比（%）	平均值（%）	中位数（%）	最大值（%）	最小值（%）	标准差（%）
<1 000	74	24.26	38.72	38.52	82.81	11.46	15.73
1 000～1 999	101	33.11	53.24	59.44	87.62	12.72	19.24
2 000～4 999	78	25.57	61.40	61.67	88.41	22.70	15.45
≥5 000	52	17.05	74.21	77.19	86.33	43.95	10.14
总计	305	100.00	55.38	58.17	88.41	11.46	19.99

第三节　青年牛受胎率

对302个牧场的青年牛受胎率进行统计分析（图5.3）。所有牧场中，青年牛受胎率平均为54.6%，中位数为55%，四分位数范围49%～59%（50%最集中牧场的分布情况），最高为80%，最低为17%。由图5.3中可以发现，青年牛受胎率表现的分布情况基本近似正态分布，以5%距离作为横坐标进行分析，可见大多数牧场受

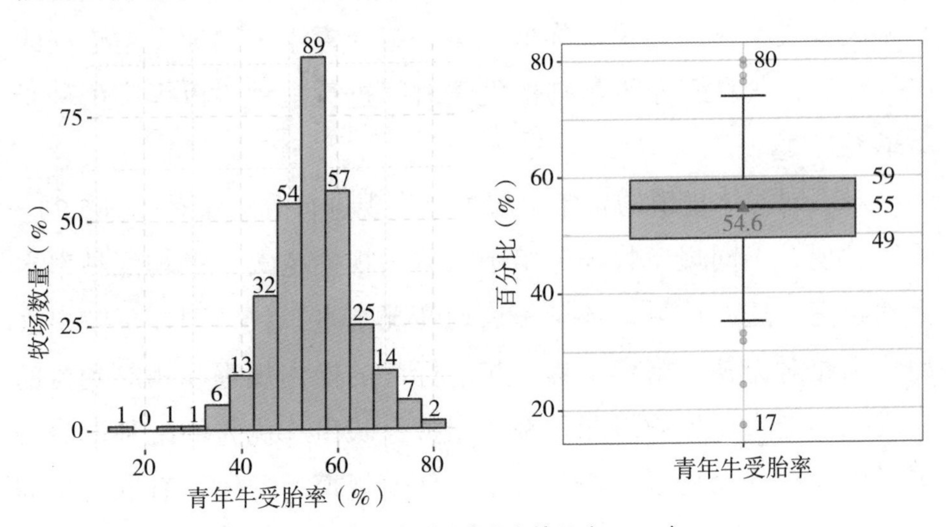

图5.3　青年牛受胎率分布情况（*n*=302）

胎率分布于50%～60%。青年牛受胎率相对较高，为青年牛取得高怀孕率提供了可能（青年牛怀孕率最高的牧场可达59%）。通过数据分析可见，当一个牧场同时拥有超过55%的受胎率和超过60%的配种率时，可保证青年牛群怀孕率超过30%。

对不同群体规模的青年牛受胎率表现进行分组统计（表5.3），可以分析出不同规模分组的平均受胎率并无显著差异，表明影响青年牛怀孕率高低的最主要因素为配种率的差异。同时通过数据可以反映出，规模越大的牧场，组内的差异相对越小（标准差最小），表明大型牧场繁育操作流程相对规范和管理科学严谨、措施落实到位。

表5.3　不同群体规模的受胎率表现（*n*=302）

全群规模（头）	牧场数量（个）	牧场数量占比（%）	平均值（%）	中位数（%）	最大值（%）	最小值（%）	标准差（%）
<1 000	72	23.84	53.26	53.26	80.00	17.29	11.68
1 000～1 999	98	32.45	53.61	54.30	76.30	24.24	8.65
2 000～4 999	79	26.16	56.16	55.76	77.33	37.50	7.53
≥5 000	53	17.55	55.65	56.00	72.68	44.54	5.03
总计	302	100.00	54.55	54.80	80.00	17.29	8.81

第四节　青年牛平均首配日龄

青年牛平均首配日龄可反映出牧场后备牛饲养情况及首次配种的策略，计算方法为截至当日青年牛中所有有配种记录的平均首配日龄。对292个样本牧场的平均首配日龄进行统计（图5.4）分析，结果可见所有牧场的平均首配日龄平均为424天，中位数

418天（约为13.9月龄）四分位数范围408～433天（为13.5～14.5月龄）。

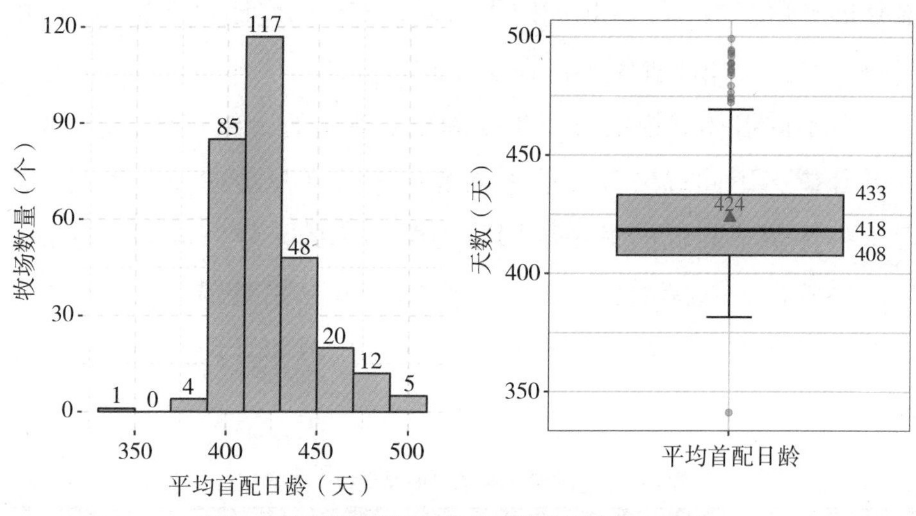

图5.4　牧场平均首配日龄分布情况统计（*n*=292）

对其中292个牛群青年牛主动停配期分析发现，青年牛主动停配期参数设置最大值440天，最小值340天，平均值为409天，中位数410天，青年牛主动停配期平均值低于首配日龄均值，两指标之间差值平均值为14.7天，也就是实际生产中青年牛首配日龄较主动停配期长15天。因此，建议牧场根据青年牛实际生长发育表现，进行牛只参配前体高及体重测量，及时调整青年牛主动停配期设置，以保证青年牛在主动停配期前后及时配种。

第五节　青年牛平均受孕日龄

青年牛平均受孕日龄可用来反映牧场已孕后备牛群的繁殖效率以及对于首次产犊时日龄的影响，计算方法为所有在群怀孕后备牛怀孕时日龄的平均值。对300个牧场的平均受孕日龄进行统计（图5.5），结果可见所有牧场的平均受孕日龄平均值为461天（15.4月龄），中位数450天（15.0月龄），四分位数范围435～481天（为14.5～16.0月龄）。

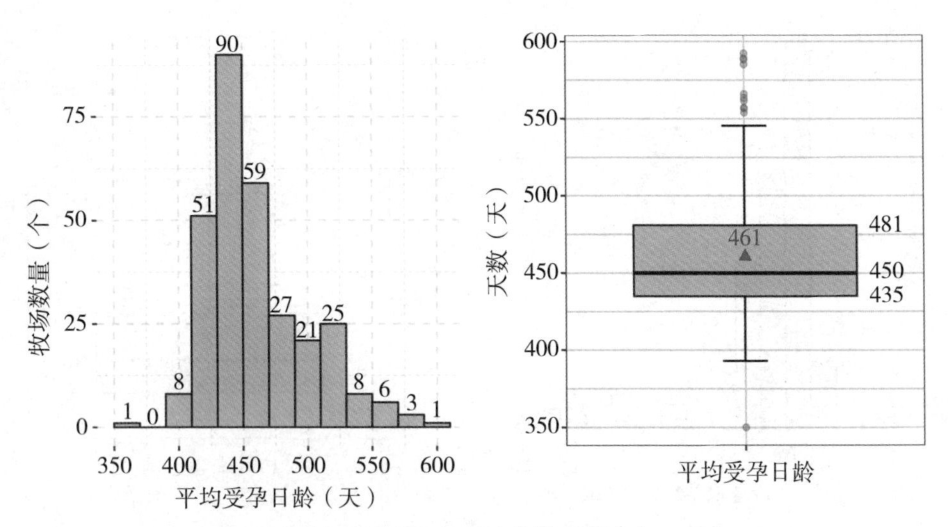

图5.5　牧场平均受孕日龄分布情况统计（*n*=300）

第六节　17月龄未孕比例

通过对平均受孕日龄的统计可以发现，分布最密集的50%牧场平均受孕日龄在435～481天（为14.5～16.0月龄）。据此部分样本推算：一个盈利能力处于平均水平的牧场，大多数青年牛在17月龄时应当都处于怀孕状态，超过17月龄未怀孕的比例即可认为是繁育问题牛群比例或繁殖方案不理想的评估指标，17月龄未孕比例的计算方法如下。

$$17月龄未孕比例（\%）=\frac{\geq 17月龄未孕牛只总数}{\geq 17月龄牛只总数}\times 100$$

注：此处月龄计算时以牛只自然月龄为准。

对截至当前292个牧场的17月龄未孕比例进行统计（图5.6），结果显示17月龄未孕比例平均值为14.2%，中位数10%，四分位数范围5%～18%（50%最集中牧场的分布情况）。

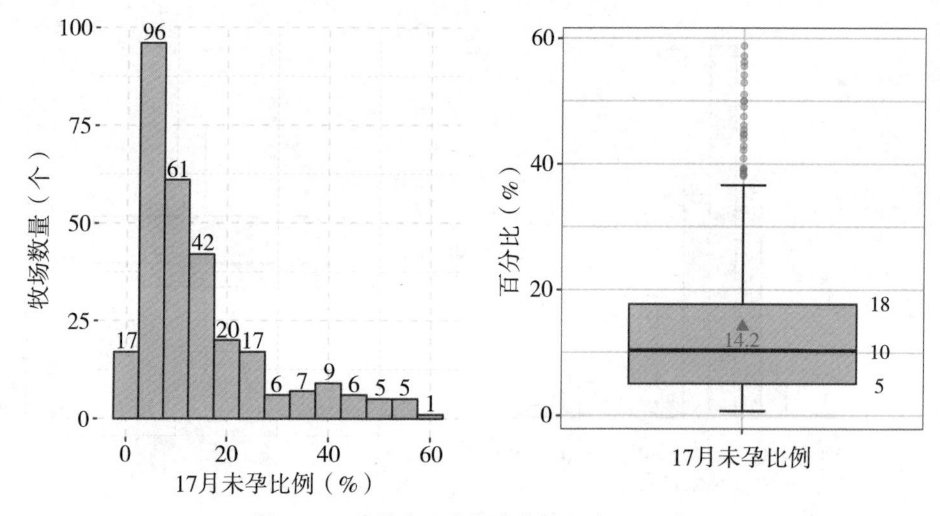

图5.6　17月龄未孕比例分布情况（*n*=292）

第六章 后备牛关键生产性能现状

后备牛的健康与生长发育对牧场未来的发展起到至关重要的作用。不论成母牛当前生产与繁育水平有多高，但随着时间的延长，成母牛终将被淘汰或死亡，优秀的后备牛将继承成母牛优良的基因，在牧场标准化的管理、饲养与健康护理下，继续发挥着高水平的产奶与繁殖性能。因此，牧场应对后备牛的生产性能现状给予充分的关注。

本章选取后备牛饲养管理（包括产房的管理）中最关键的几个参考指标进行了统计分析，包括60日龄死淘率、60～179日龄死淘率、育成牛死淘率和青年牛死淘率（具体分析了各阶段死淘原因）、死胎率（具体区分出了头胎牛及经产牛死胎率差异），日增重（包括断奶日增重、转育成日增重、转参配日增重），并就60日龄肺炎及腹泻发病率进行了较为深入的分析和说明。

第一节 60日龄死淘率

后备牛的损失，主要发生在哺乳犊牛阶段。牛只从出生到断奶阶段，正处于建立自身免疫系统、完善消化系统以及适应外界环境的重要阶段，通常牛只顺利断奶后直到配种前，几乎不会发生死亡淘汰情况，所以哺乳犊牛饲养阶段就成为异常关键的阶段。因为牛只出生后通常在55～70日龄进行断奶，所以笔者以60日龄进行划分，假设60日龄以内牛只均处于哺乳犊牛阶段，并且重点针对60日龄犊牛的死淘情况进行追踪分析（图6.1，后备牛死淘占比中，60日龄以内占比高达27.2%）。

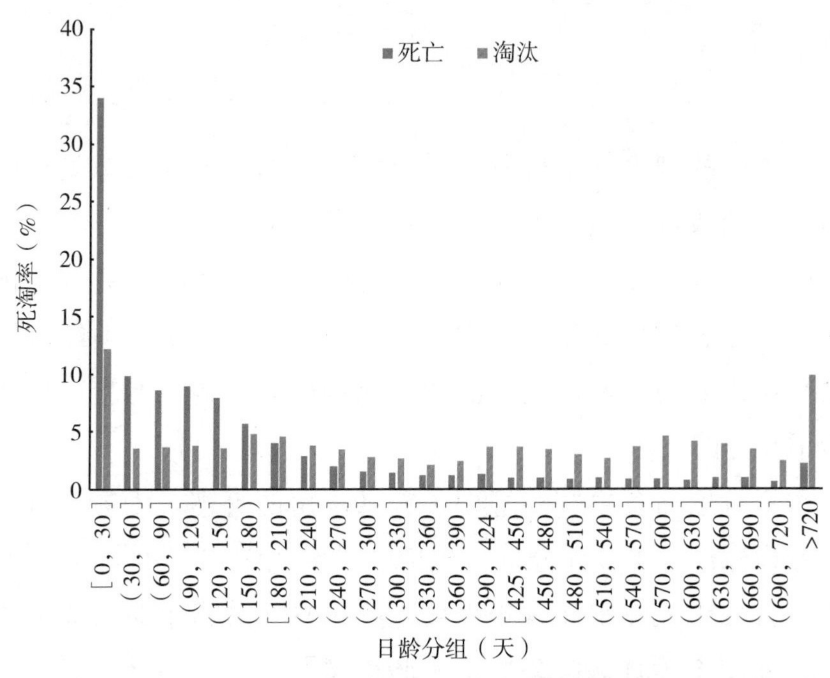

图6.1　不同日龄分组下后备牛死淘率占比

对于犊牛死淘率的计算方法，通常包括基于月度饲养头数、基于月度出生头数或月度死亡头数3种计算方法。所以在评估该指标时，明确计算方法非常重要，可以保证不同使用者沟通时处于同一维度。

一牧云根据数据可追溯及可挖掘的原则，60日龄死淘率计算方法基于犊牛出生日期，即当月出生的犊牛，在其超过60日龄前死淘的比例（因基于出生日期进行追踪，所以在统计该指标时，会有2个月的滞后性）。

具体的计算公式如下。

$$60日龄死淘率（\%）=\frac{过去一年留养母犊60日龄内死淘数}{过去一年产犊留养母犊总数}\times 100$$

对297个牧场过去一年的60日龄死淘率进行统计分析（图6.2），可见60日龄死淘率均值为6.8%，中位数为5.0%，四分位数范围3.1%～8.2%（50%最集中牧场的分布情况）。其中60日龄淘汰率平均值为1.6%，中位数为0.4%，四分位数范围0%～1.9%；60日龄死亡率平均值为5.2%，中位数为3.9%，四分位数范围2.0%～6.7%。从统计结果可以发现，60日龄死亡率及淘汰率均处于一种偏态分布的状态，即多数牧场都处于较低的水平，但存在一部分牧场指标远超统计范围内的离群点，而这些离群点将平均值带到了较高水平。同时，根据箱线图统计结果可见，犊牛60日龄内的损失，死亡损失占比更高一些，淘汰牛只相比占比较低。

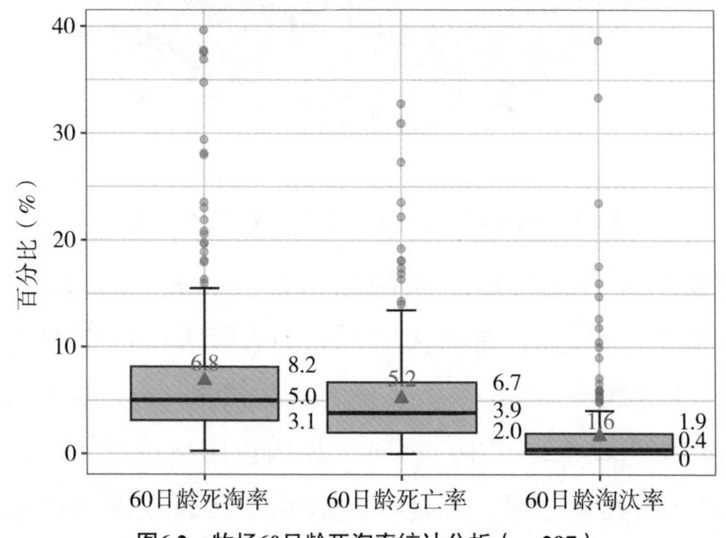

图6.2　牧场60日龄死淘率统计分析（*n*=297）

哺乳犊牛死亡、淘汰主要阶段分布情况如图6.3所示，18 704头死淘牛只中有66.04%的牛只为死亡，33.96%的牛只为淘汰，其中51.24%的为哺乳犊牛在30日龄以内的死亡（9 583头），26.45%的哺乳犊牛在30日龄以内淘汰（4 948头）。

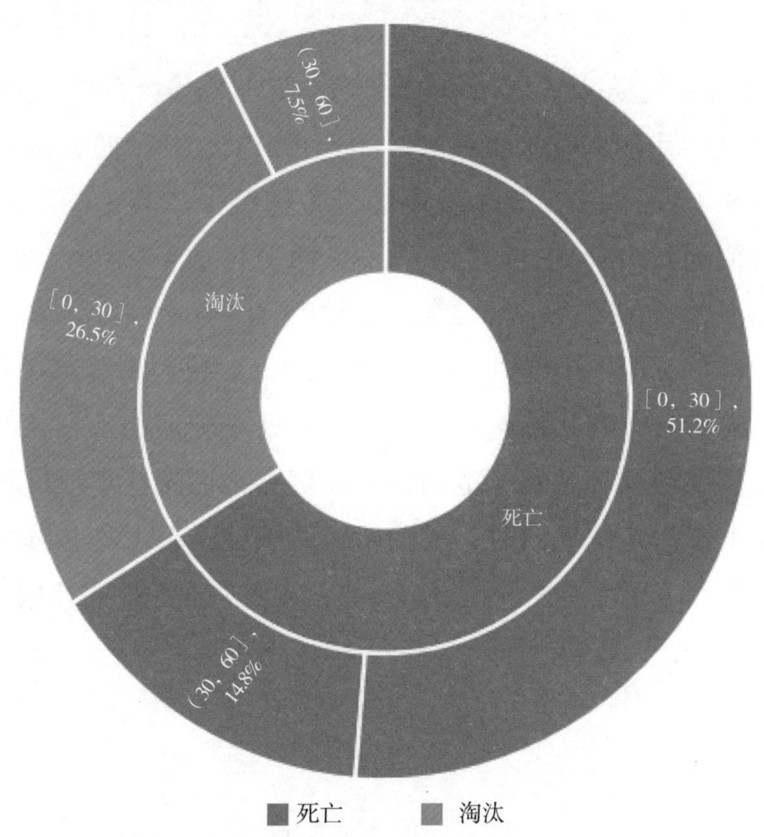

图6.3　哺乳犊牛不同死淘类型下主要阶段分布占比

对18 704条哺乳犊牛死淘记录按死淘原因进行分析（图6.4），可见占比最高的5种死淘原因分别为腹泻（17.22%）、肺炎（10.79%）、肠炎（8.62%）、优秀奶牛出售（8.15%）与犊牛观察期离场（6.86%），其中“其他”原因占比高达22.43%，主要原因是没有具体死淘原因，因此，笔者强烈建议在做基础记录时，应尽量确定牛只疾病的真正原因，并尽可能地完整录入，以便为后续的改善提供更加明确的指向。

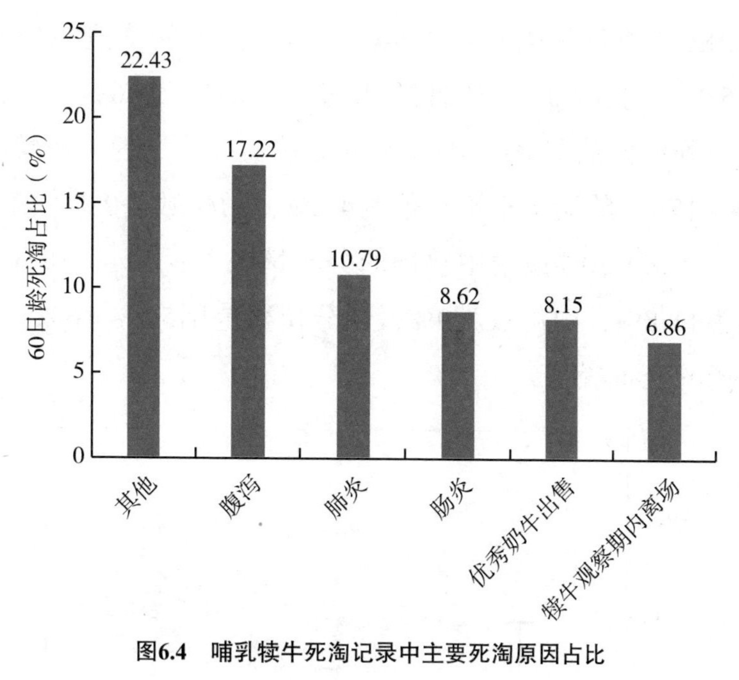

图6.4　哺乳犊牛死淘记录中主要死淘原因占比

第二节　60～179日龄死淘率

60～179日龄死淘率可以直接反映出断奶后犊牛死亡、淘汰情况，结合死淘原因分析，可以挖掘出断奶后牛只死淘主要是由于哪些原因或疾病导致。从而为牧场提供断奶后60～179日龄的管理重点。

60～179日龄死淘率，计算方法如下。

$$60\sim179\text{日龄死淘率（\%）}=\frac{\begin{array}{c}\text{过去一年死淘时日龄}\\\text{在}60\sim179\text{日龄牛头数}\end{array}}{\begin{array}{c}\text{过去一年}60\sim179\text{日龄（断奶犊牛）}\\\text{平均饲养头日}\end{array}}\times100$$

对286个牧场过去一年的60～179日龄死淘率进行统计分析（图6.5），可见60～179日龄死淘率平均值为16%，中位数为14%，四分位数范围8%～21%（50%最集中牧场的分布情况）。其中60～179日龄淘汰率平均值为4.2%，中位数为2%，四分位数范围0%～6%（50%最集中牧场的分布情况）；60～179日龄死亡率均值为11.8%，中位数为9%，四分位数范围5%～16%（50%最集中牧场的分布情况）。

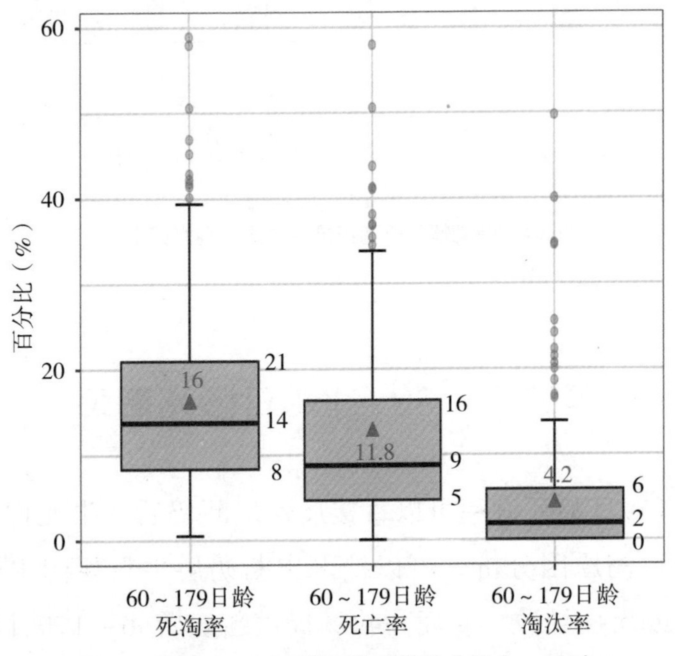

图6.5　牧场60～179日龄死淘率统计分析（*n*=286）

按断奶犊牛死亡、淘汰主要阶段分布情况分析如图6.6所示，15 061头死淘牛只中有58.2%的牛只为死亡，41.8%的牛只为淘汰，其中32.8%的断奶犊牛在60～120日龄以内死亡（4 947头），25.3%的断奶犊牛在120～179日龄以内死亡（3 816头），22.3%的断奶犊牛在120～179日龄以内淘汰（3 357头）。

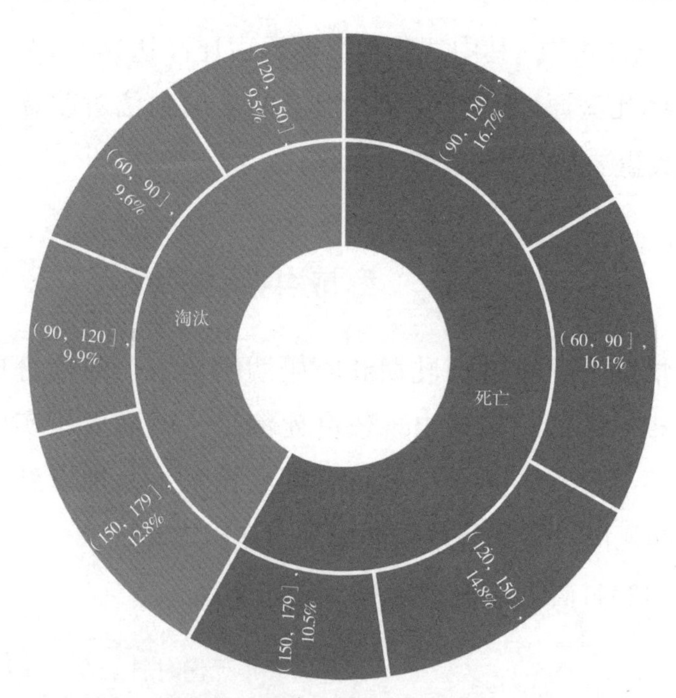

图6.6　断奶犊牛不同死淘类型下主要阶段分布占比

对15 061条断奶犊牛死淘记录按死淘原因进行统计分析（图6.7），显示占比最高的5种死淘原因依次为肺炎（29.2%）、优秀奶牛出售（10.8%）、瘤胃臌气（10.6%）、肠炎（5.9%）与体格

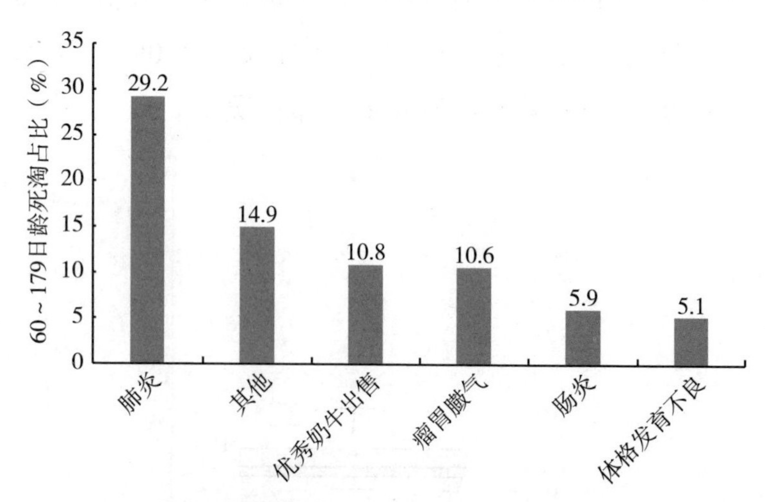

图6.7　断奶犊牛死淘记录中主要死淘原因占比

发育不良（5.1%），其中“其他”原因占比高达14.9%，主要原因是没有具体死淘原因，可见录入信息的准确到位对改善生产实践发挥着至关重要的作用。

第三节　育成牛死淘率

一般情况下，度过哺乳期和断奶期的犊牛，成为育成牛后，死淘率都相对较低，如果出现较高死淘率，就需要核实育成牛管理在哪些环节出现了问题，通过管理或技术手段加以补救，以避免在育成期死淘过多和有效控制前期生产成本。

180～424日龄死淘率，计算方法如下：

$$180\sim424\text{日龄死淘率（\%）}=\frac{\text{过去一年死淘时日龄在}180\sim424\text{日龄牛头数}}{\text{过去一年}180\sim424\text{日龄（育成牛）平均饲养头日}}\times100$$

对294个牧场过去一年育成牛死淘率进行统计分析（图6.8），可见育成牛死淘率的平均值为9.3%，中位数为6.0%，四分位数范围3.0%～11.0%（50%最集中牧场的分布情况）。

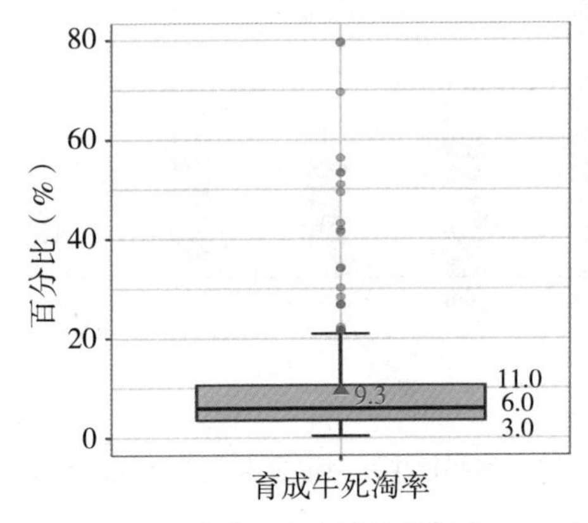

图6.8　牧场育成牛死淘率统计分析（*n*=294）

按育成牛死亡、淘汰主要阶段分布情况分析（图6.9），14 339头死淘牛只中有70.7%的牛只为淘汰，29.3%的牛只为死亡，其中12.7%的育成牛在180～210日龄淘汰（1 825头），7.7%的育成牛在180～210日龄死亡（1 100头）。

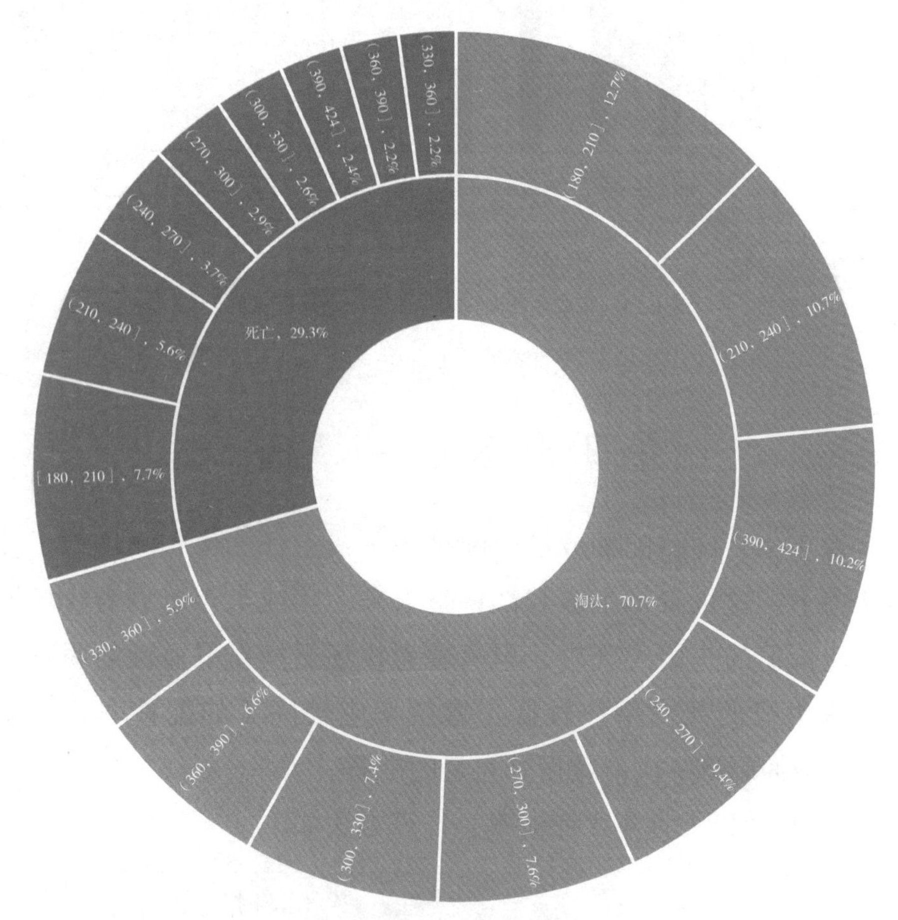

图6.9　育成牛不同死淘类型下主要阶段分布占比

对14 339条育成牛死淘记录按死淘原因进行统计（图6.10），可见占比最高的5种死淘原因依次为优秀奶牛出售（28.4%）、肺炎（16.1%）、体格发育不良（7.3%）、关节疾病（4.8%）与瘤胃臌气（3.9%），其中“其他”原因占比高达18.0%，并没有具体死淘原因的详细描述。

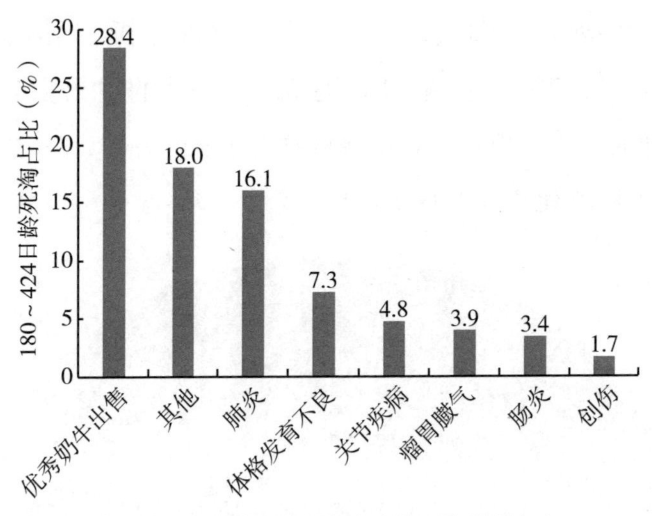

图6.10　育成牛死淘记录中主要死淘原因占比

第四节　青年牛死淘率

青年牛，即将配种或已经配种怀孕或空怀的牛，无论处于什么状态下，这批青年牛多数都将是未来一年或半年以后为牧场开始创造价值的头胎泌乳牛，担负着为牧场更换新鲜血液的职责。这阶段牛只的死淘率应较低，繁殖率应较高（如配种率、受胎率），为冲刺第一次产犊做好充足的准备。

425日龄以上青年牛死淘率，计算方法如下。

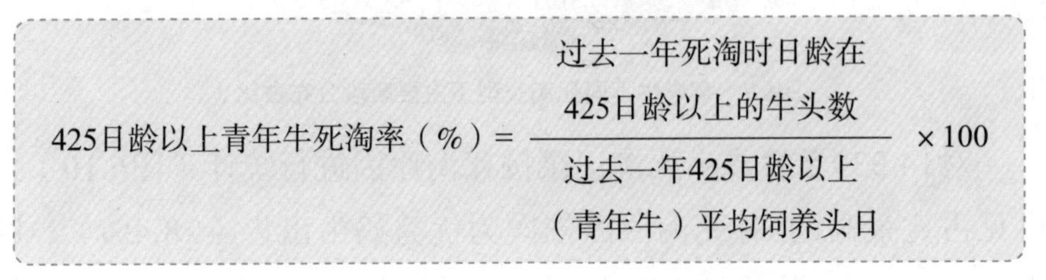

$$425日龄以上青年牛死淘率（\%）=\frac{过去一年死淘时日龄在425日龄以上的牛头数}{过去一年425日龄以上（青年牛）平均饲养头日}\times 100$$

对304个牧场过去一年育成牛死淘率进行统计分析（图6.11），可见青年牛死淘率均值为13.8%，中位数为10.0%，四分位数范围7.0%～17.0%（50%最集中牧场的分布情况）。

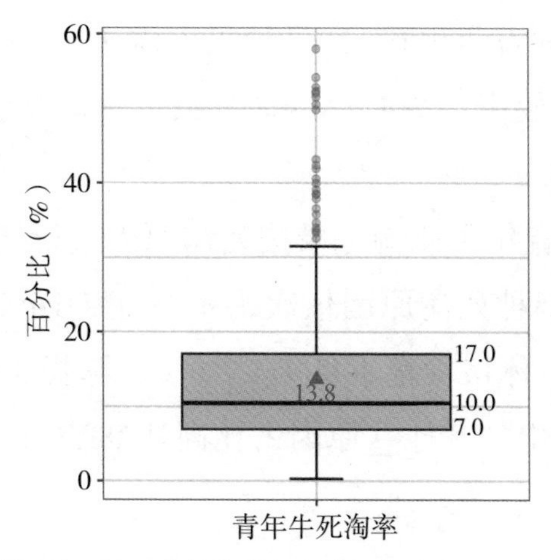

图6.11　牧场青年牛死淘率统计分析（*n*=304）

按青年牛死亡、淘汰主要阶段分布情况分析（图6.12），20 723头死淘牛只中有86.1%的牛只为淘汰，13.9%的牛只为死

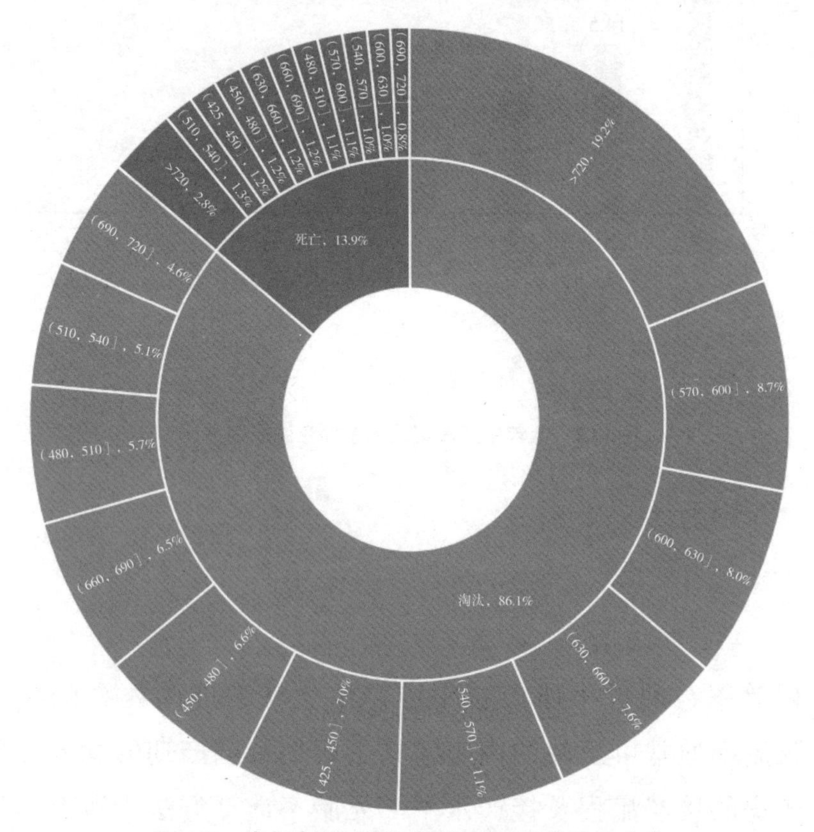

图6.12　青年牛不同死淘类型下主要阶段分布占比

亡，其中19.2%的青年牛在720日龄以上淘汰（3 973头），其余阶段淘汰率占比也较高，为4.6%～8.7%，2.8%的青年牛在720日龄以上死亡（589头）。

对20 723条青年牛死淘记录按死淘原因进行统计（图6.13），可见占比最高的5种死淘原因依次为不孕症（14.5%）、优秀奶牛出售（10.5%）、体格发育不良（4.7%）、肺炎（4.3%）与关节疾病（4.1%），其中“其他”原因占比高达28.5%，主要原因是没有具体死淘原因。

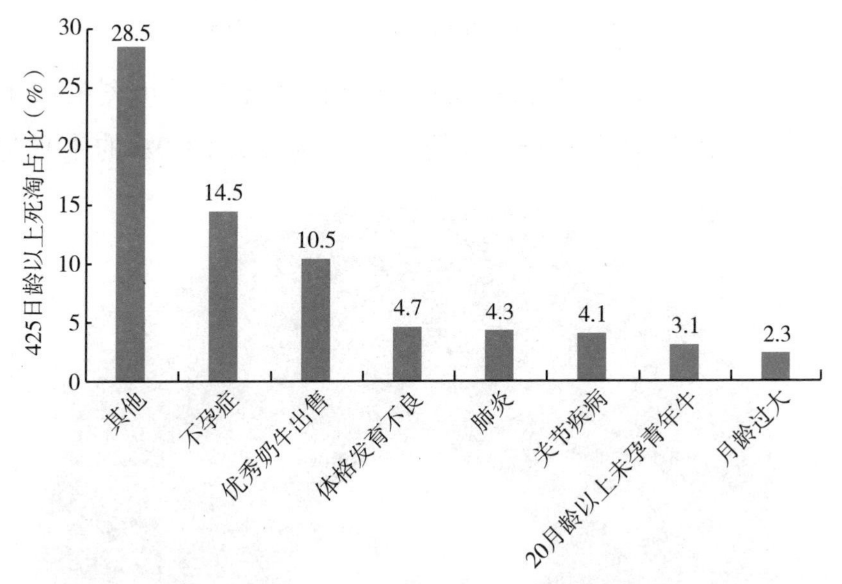

图6.13　青年牛死淘记录中主要死淘原因占比

第五节　死胎率

死胎率，即母牛所产犊牛中，出生状态即为死亡的犊牛比例。死胎率通常可反映的内容包括干奶期及围产期的饲养管理水平，产房的接产流程及接产水平。死胎率计算方法为所有出生犊牛中状态为死胎的比例。

对303个牧场的死胎率进行统计分析（图6.14），结果可见全群死胎率平均值为10.1%，中位数为9.0%，四分位数范围6.0%～13.0%（50%最集中牧场的分布情况）。头胎牛死胎率平均为11.7%，中位数为10.0%，四分位数范围6.0%～15.0%（50%最集中牧场的分布情况）；经产牛死胎率平均值为9.5%，中位数为9.0%，四分位数范围6.0%～12.0%（50%最集中牧场的分布情况）。统计结果表明，头胎牛死胎率相较经产牛死胎率平均值高出约2.2%（11.7%对比9.5%），提示实际饲养过程中，青年牛首次产犊前，要有更长的围产期，以及接产时应给予更高的关注。

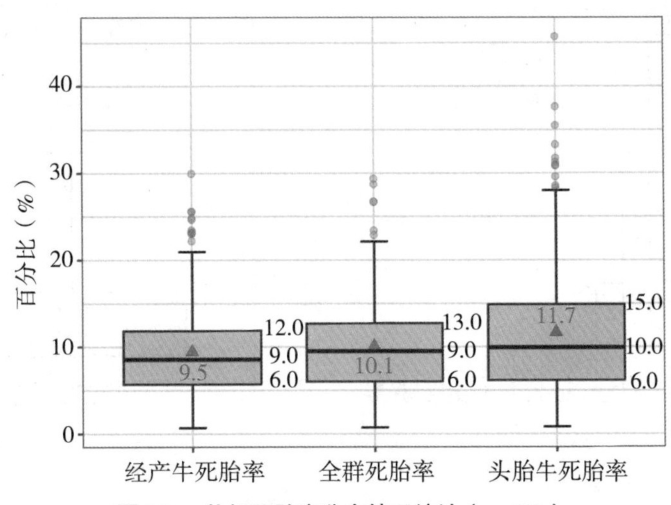

图6.14　牧场死胎率分布情况统计（*n*=303）

第六节　肺炎发病率

犊牛早期的疾病不仅影响其健康和生长，且额外的管理、治疗、生长速度减慢和死亡都会造成牧场盈利下降。研究表明，犊牛出现肺炎症状，对其犊牛期的存活率，以及未来的繁殖性能和生产性能都会造成长期的负面影响。

60日龄肺炎发病率，计算方法如下。

$$60\text{日龄肺炎发病率（\%）}=\frac{\text{过去一年留养母犊60日龄内登记肺炎发病数}}{\text{过去一年产犊留养母犊总数}}\times 100$$

对223个有肺炎登记的牧场作统计分析（该结果也仅供参考，实际生产中肺炎的发病率可能更高）。结果表明，肺炎发病率平均值为12.3%，中位数为7.0%，最大值为57.1%，最低为0.05%（图6.15）。

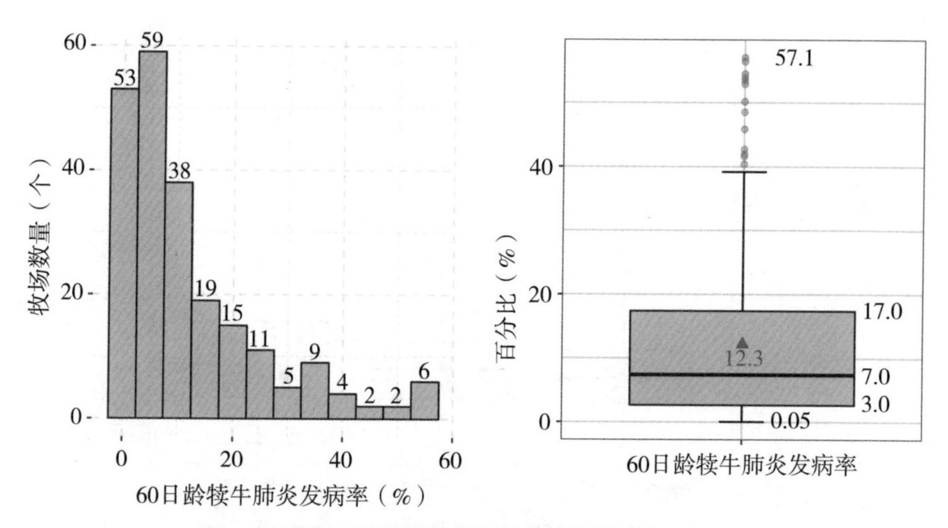

图6.15　牧场60日龄肺炎发病风险情况统计（*n*=223）

第七节　腹泻发病率

犊牛腹泻是奶牛场面临的最主要健康问题之一，也是导致犊牛死亡的重要原因之一。犊牛腹泻往往不是单一性疾病，而是多种病因综合引发的临床症候群。犊牛腹泻主要发生在产后第一个月内，所以，关注犊牛腹泻发病率具有重要的实践意义。

60日龄犊牛腹泻发病率，计算方法如下。

$$60\text{日龄腹泻发病率（\%）}=\frac{\text{过去一年留养母犊60日龄内腹泻发病数}}{\text{过去一年产犊留养母犊总数}}\times 100$$

对有腹泻登记的208个牧场进行统计，其腹泻发病率情况如图6.16所示，可见腹泻发病率平均值为17.5%，中位数为13.0%，最大值为58.8%，最小值为0.01%。

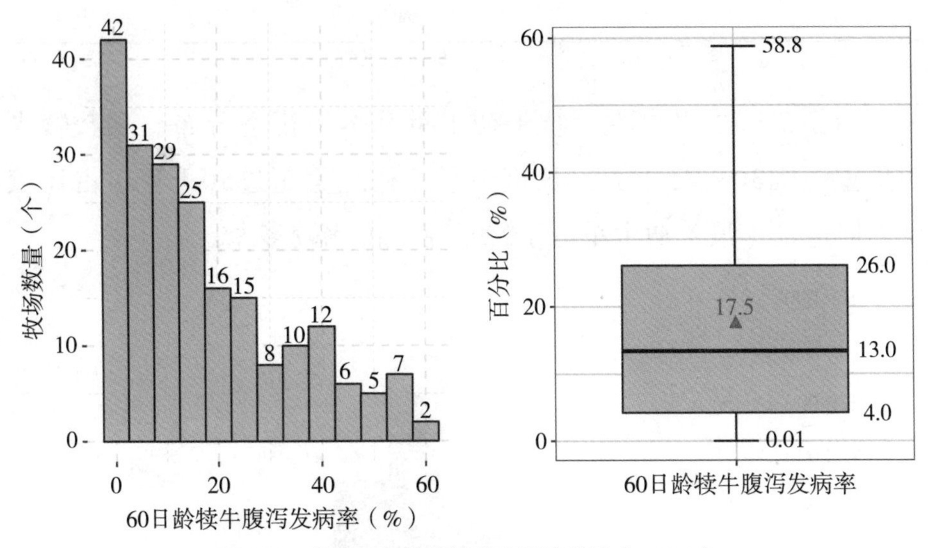

图6.16　牧场60日龄腹泻发病风险统计（*n*=208）

第八节　初生重与日增重

初生重是犊牛出生时的初始体重。这一重量的测量至关重要，一是可以了解出生犊牛体重是否过轻或超重，二是关系到今后各阶段日增重的计算和饲养策略的制定等。

对有犊牛初生重登记的311个牧场筛选初生重5～70千克范围内的数据进行统计，由表6.1可发现犊牛初生重平均值为37.9千克，标准差6.6千克。公犊初生重39.9千克，高出母犊初生重（36.7千克）约3.2千克。公犊初生重标准差也大于母犊（7.2千克对比5.9千克）。

表6.1　不同性别犊牛初生重描述性统计

性别	平均值（千克）	标准差（千克）	头数（头）	最大值（千克）	最小值（千克）
母犊	36.7	5.9	247 273	70	5
公犊	39.9	7.2	141 256	70	5
总计	37.9	6.6	388 529	70	5

由图6.17可以发现，犊牛初生重基本呈正态分布，多数犊牛初生重范围30～45千克。过重牛只（初生重超过50千克）占比较少，但过轻牛只（初生重低于25千克）占比较多。

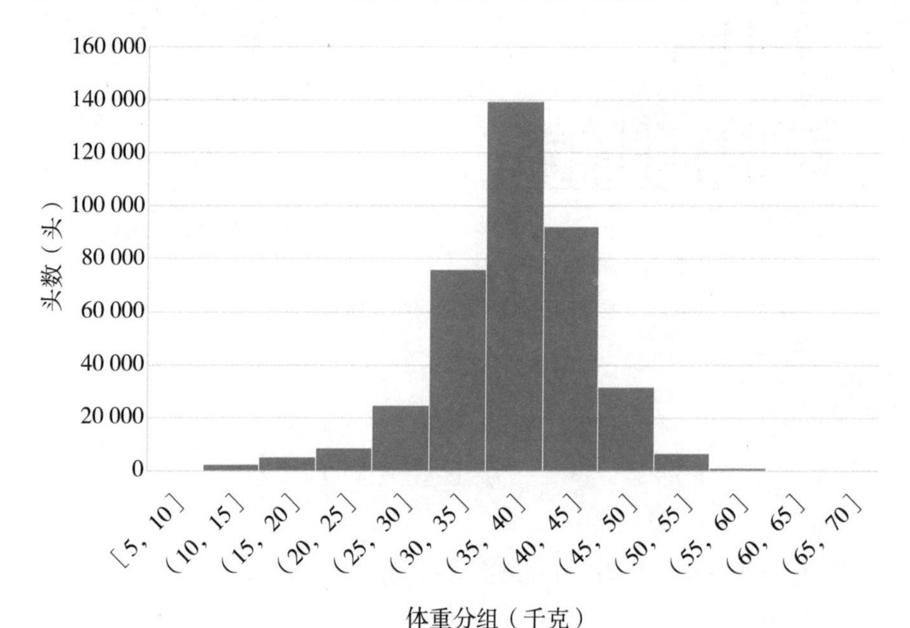

图6.17　犊牛初生重分布直方图

由图6.18可以发现，不同出生月份犊牛初生重存在差异，2021年1—3月和11—12月出生的犊牛初生重相对较高（公犊初生重≥40.0千克，母犊初生重≥37.0千克），但4—10月出生的犊牛初生重相对较低，最高、最低初生重月份间差异公犊达2.5千克，母犊达2.1千克。推测可能的原因是怀孕母牛在妊娠后期（胎儿发育最快的时期）经历热应激期6—8月，受热应激影响，采食量减少，导致妊娠期营养供给相对较低，犊牛发育较差，尤其8月出生犊牛，呈现公犊、母犊初生重均最低的现象，原因可能是怀孕母牛妊娠后期经历了热应激期较为严重的时期。

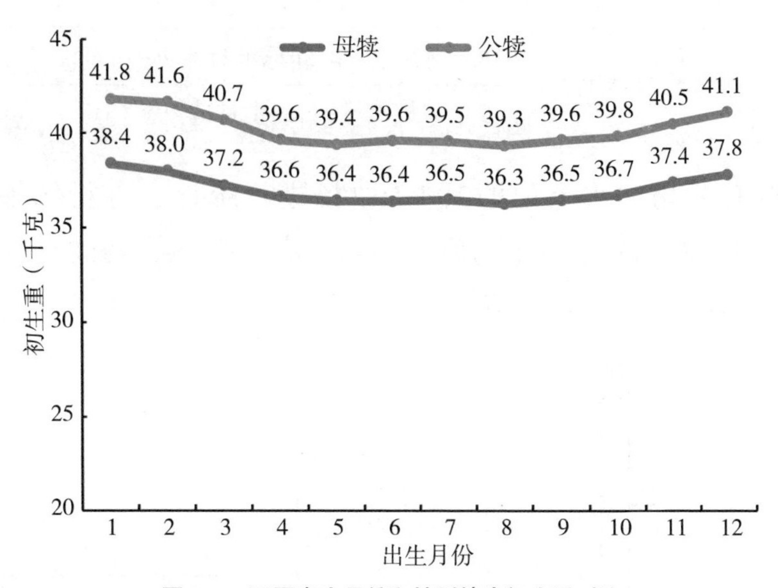

图6.18　不同出生月份和性别犊牛初生重对比

日增重是后备牛管理中最重要的关键指标之一。从出生到断奶阶段、断奶到育成阶段、育成到青年（参配）阶段，牛只生长发育至关重要，只有后备牛群体处于良好的生长发育状态，疾病发病率才会降低，也能为之后的泌乳牛群打下坚实的基础。特别提醒，此处的日增重是指某一阶段体重减去初生重之后再除以犊牛日龄所得的值，而非相邻的两个称重阶段之间的日增重。

断奶日增重计算方法如下。

$$断奶日增重=\frac{[50,\ 90]日龄间称重时体重-初生重}{称重日期-出生日期}$$

转育成日增重计算方法如下。

$$转育成日增重=\frac{[150,\ 210]日龄间称重时体重-初生重}{称重日期-出生日期}$$

转参配日增重计算方法如下。

$$转参配日增重=\frac{[360,\ 420]日龄间称重时体重-初生重}{称重日期-出生日期}$$

对有断奶称重登记的204个牧场进行统计，分析结果如图6.19，可见断奶日增重平均值为853克/天，中位数为858克/天，最大值为1 400克/天，最小值为440克/天。

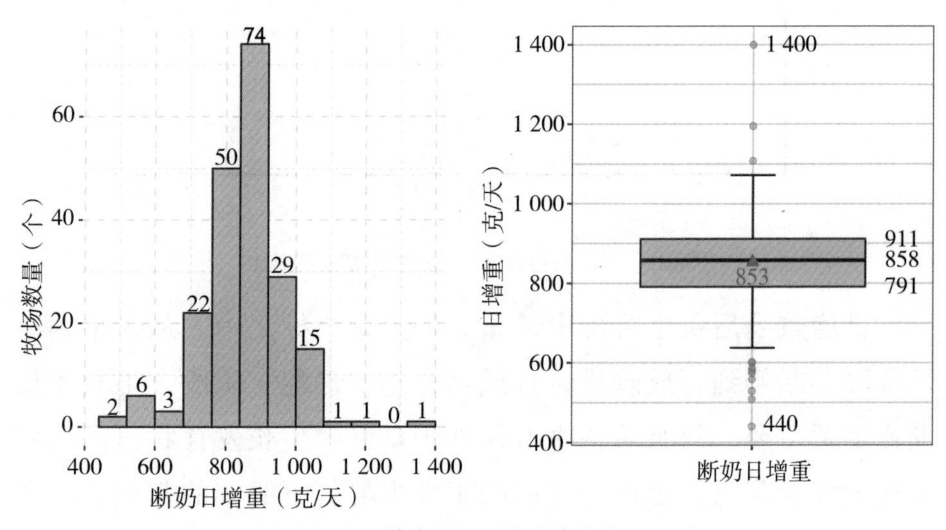

图6.19　牧场犊牛断奶日增重统计（*n*=204）

对有转育成称重登记的108个牧场进行统计，分析结果如图

6.20所示，可见出生至转育成日增重平均值为970克/天，中位数为984克/天，最大值为1 158克/天，最小值为460克/天。

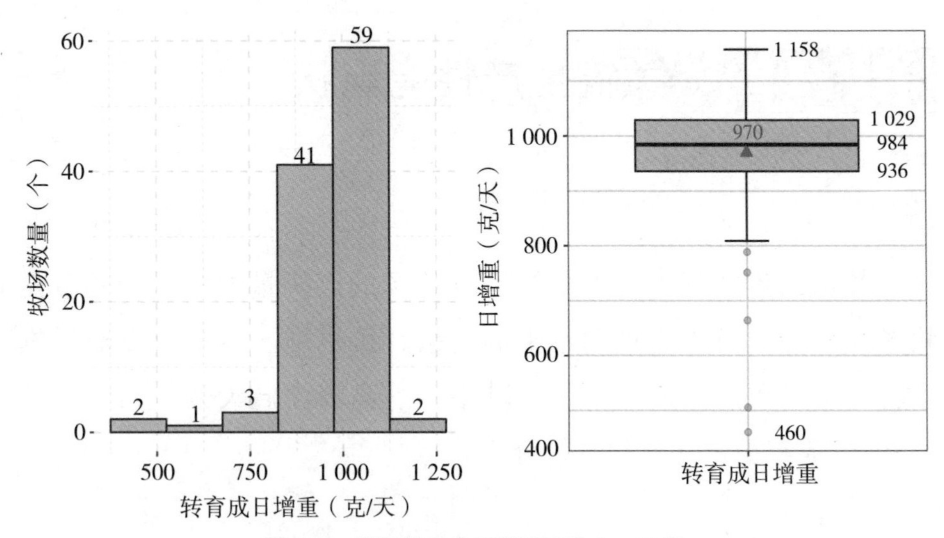

图6.20　牧场转育成日增重统计（*n*=108）

对有转参配称重登记的93个牧场进行统计，分析结果如图6.21所示，可见出生至转参配日增重平均值为930克/天，中位数为924克/天，最大值为1 148克/天，最小值为723克/天。

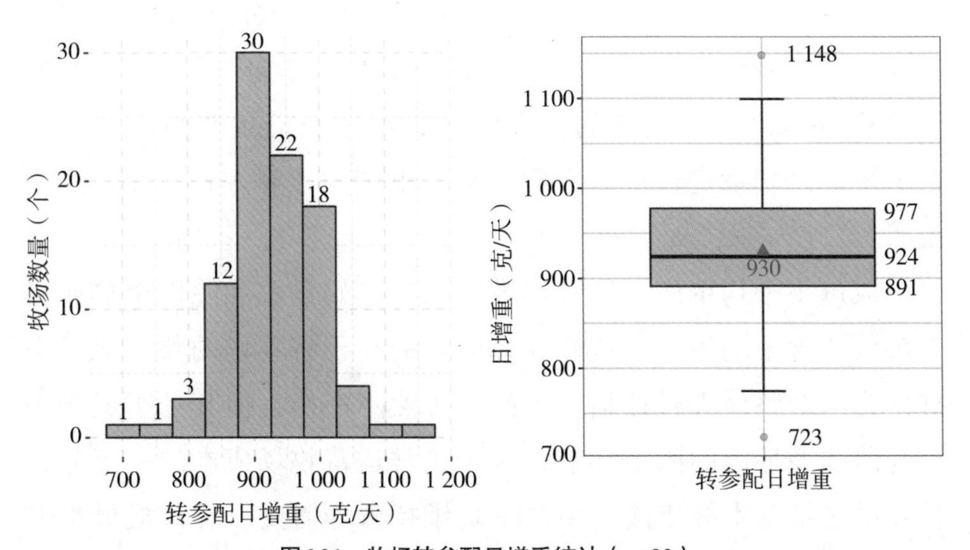

图6.21　牧场转参配日增重统计（*n*=93）

第七章 产奶关键生产性能现状

牧场的生产管理水平最终通过牧场的产奶量展示。产奶量是牧场盈利能力及生产管理水平的终极评价标准。本章重点对样本牛群的平均单产（成母牛、泌乳牛）、高峰泌乳天数、高峰产量及305天成年当量等现状进行分析。

第一节 平均单产

在奶牛场生产数据的统计过程中，产奶量的数据来源众多，主要包括手动测产（DHI测产）、自动化挤奶软件自动测产以及每天奶罐记录到的总奶量，均可以用来计算牧场牛群单产。因奶厅测产基本已成为牧场的标准配置，本次我们主要统计了奶厅数据源记录奶量进行分析。对于平均单产的计算方式，在此进行说明。

成母牛平均单产：所有泌乳牛的日产奶量总和除以全群成母牛头数（含干奶牛），这样计算的目的在于将牧场的整个成母牛群作为一个整体进行评估，干奶牛虽然不产奶，但其处于成母牛泌乳曲线循环内的固定环节，属于正常运营牧场成本的一部分，且其采食量基本等于成母牛的平均维持营养需要。计算成母牛平均单产的意义是全面评估牧场盈利能力。

泌乳牛平均单产：所有泌乳牛的日产奶量总和除以全群泌乳牛头数，计算得到的为泌乳牛平均单产，泌乳牛平均单产主要反映出牛群在对应的泌乳天数是否能发挥其应有产奶潜能，同时也是反映牧场管理水平的重要指标（表7.1）。从已有样本中，我们共筛选获得224个牧场有测产数据的导入与持续更新，对其产奶量数据进行统计，其结果如图7.1所示。结果可见成母牛平均单产的平均值为28.0千克，最高值为38.7千克，泌乳牛平均单产的平均值为32.2千克，最高值为45.5千克。成母牛单产及泌乳牛单产的差异平均值为4.2千克，差异最大的牧场差异为9.4千克，差异最小的牧场差异为0千克。所以在统计平均单产时明确计算方法有重要的意义。

表7.1　牧场区域分布及平均单产表现（*n*=224）

区域	牧场数量（个）	成母牛平均单产（千克）	泌乳牛平均单产（千克）
宁夏回族自治区	73	28.6	32.5
黑龙江省	43	27.1	31.6
新疆维吾尔自治区	19	24.4	29.0
甘肃省	17	31.1	35.6
河北省	17	29.2	33.7
内蒙古自治区	13	27.9	32.4
山东省	7	29.3	33.3
广东省	5	24.7	28.2
云南省	5	27.1	32.0
安徽省	4	31.9	37.0
陕西省	4	29.6	33.3
江苏省	3	27.4	31.4
山西省	3	22.0	25.3
北京市	2	28.8	33.5

（续表）

区域	牧场数量（个）	成母牛平均单产（千克）	泌乳牛平均单产（千克）
广西壮族自治区	2	29.5	33.0
福建省	1	33.0	37.4
贵州省	1	17.9	22.1
湖南省	1	23.1	26.4
四川省	1	30.9	35.5
天津市	1	31.6	35.6
西藏自治区	1	23.9	25.7
浙江省	1	27.9	32.0
总计	224	28.0	32.2

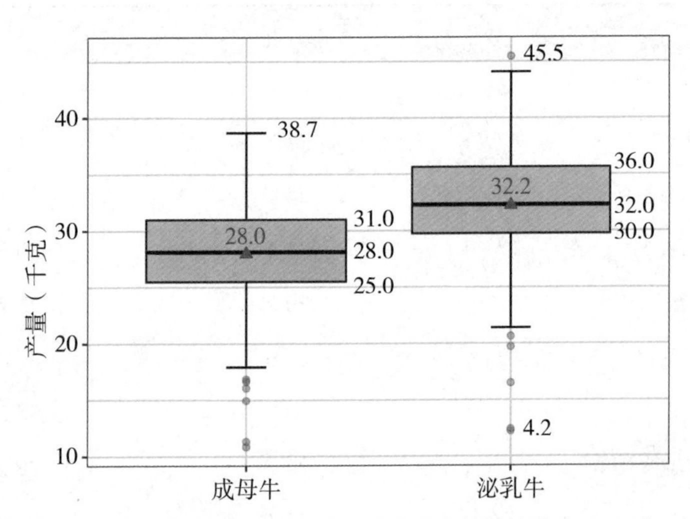

图7.1　牧场成母牛及泌乳牛平均单产分布情况统计（*n*=224）

对不同胎次的泌乳牛单产进行统计（图7.2），结果可见头胎牛平均单产的平均值为29.7千克，最高值为39.7千克，经产牛平均单产的平均值为33.7千克，最高值为45.2千克。经产牛平均单产比头胎牛平均单产高4.0千克，以最高值进行比较，经产牛平均单产最高的牧场比头胎牛平均单产最高的牧场单产高5.5千克。

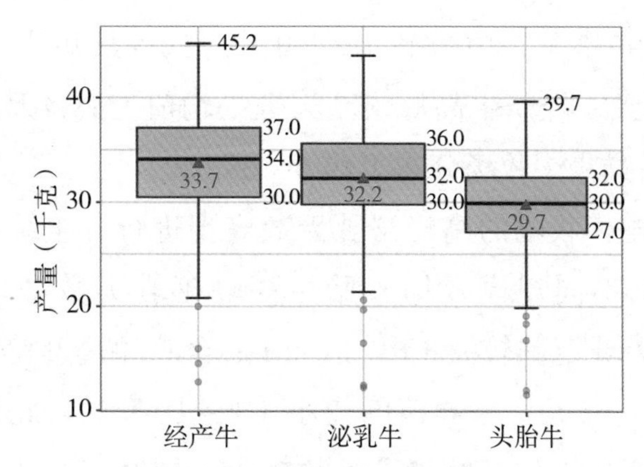

图7.2　不同胎次泌乳牛平均单产分布情况统计（*n*=221）

第二节　高峰泌乳天数

高峰泌乳天数，指对泌乳牛群按泌乳天数进行分组统计平均单产，统计其平均单产最高时的泌乳天数，即为牛群的高峰泌乳天数。根据奶牛泌乳生理规律，通常奶牛在产后40～100天可达泌乳高峰期。排除掉历史产奶数据异常的牧场，对178个牧场高峰泌乳天数进行统计（图7.3），结果可见，头胎牛高峰泌乳天

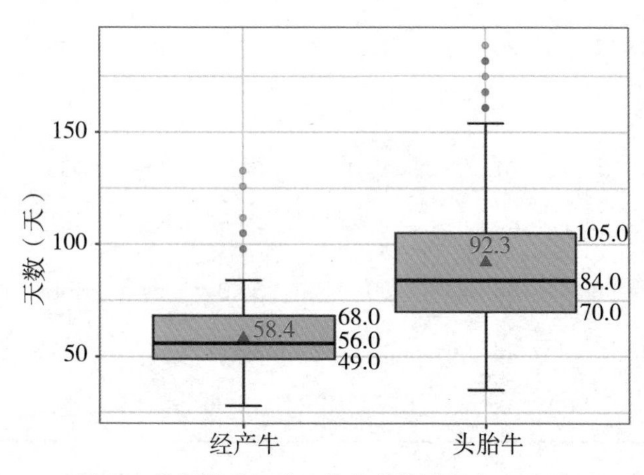

图7.3　牧场高峰泌乳天数分布箱线图（*n*=178）

数平均值为92.3天，中位数为84.0天，50%最集中牧场分布于70.0～105.0天，经产牛高峰泌乳天数平均值为58.4天，中位数为56.0天，50%最集中牧场分布于49.0～68.0天。

对不同规模牧场的高峰泌乳天数表现进行分组统计分析（表7.2），可见不同规模牧场头胎牛高峰泌乳天数平均值范围在82～99天，差异范围较大（6～17天）；经产牛高峰泌乳天数平均值范围在55～65天，差异范围较小（1～10天）。此外，牧场规模越大，经产牛平均高峰泌乳天数越小（即经产牛达到泌乳高峰时天数较短），而头胎牛平均高峰泌乳天数与牧场规模关联不明显。头胎牛高峰泌乳天数差异较大，也表明头胎牛产奶表现有较大的提升空间。

表7.2　不同群体规模的高峰泌乳天数表现（n=178）

分组	全群规模（头）	牧场数量（个）	牧场数量占比（%）	平均值（天）	中位数（天）	最大值（天）	最小值（天）	标准差（天）
头胎牛	<1 000	31	17.4	88.1	77	161	35	34.6
	1 000～1 999	66	37.1	92.6	88	189	42	33.3
	2 000～4 999	55	30.9	99.0	91	182	42	33.9
	5 000及以上	26	14.6	82.1	81	140	49	22.5
	总计	178	100.0	92.3	84	189	35	32.9
经产牛	<1 000	31	17.4	64.6	56	133	35	24.8
	1 000～1 999	66	37.1	57.9	56	98	28	16.0
	2 000～4 999	55	30.9	56.9	56	84	35	11.6
	5 000及以上	26	14.6	55.7	49	112	35	15.5
	总计	178	100.0	58.4	56	133	28	16.9

第三节　高峰产量

排除掉历史产奶数据异常的牧场，对183个牧场进行高峰产量统计（图7.4），头胎牛高峰产量平均值为36.5千克，中位数为36.0千克，最高值为52.9千克；经产牛高峰产量平均值为44.5千克，中位数为45.0千克，最高值为55.4千克。在评估牧场高峰泌乳天数及高峰产量时，可参考一牧云统计指标进行参照比对。

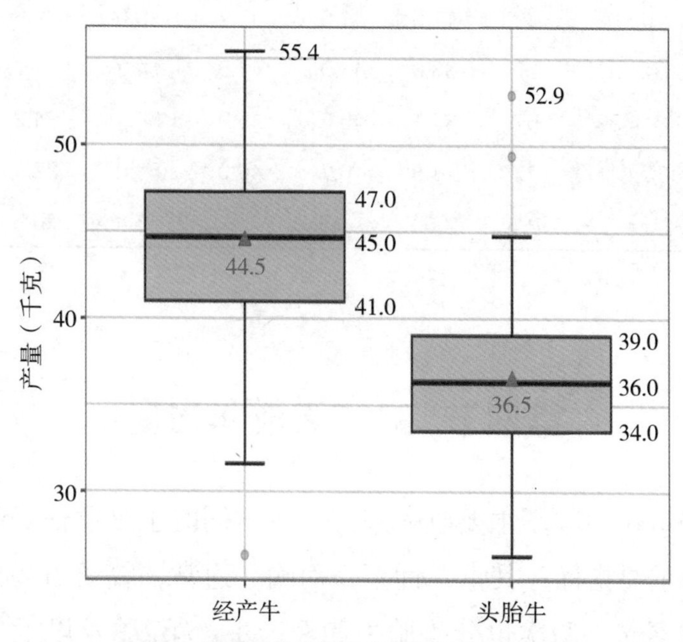

图7.4　牧场高峰产量分布箱线图（*n*=183）

对不同规模牧场的高峰产量表现进行分组统计分析（表7.3），可见不规模牧场头胎牛高峰产量平均值范围在35.7～36.7千克，变化范围较小（1.0千克以内），不同规模牧场间头胎牛高峰产量差异不大；经产牛高峰产量平均值范围在41.5～46.7千克，变化范围较大（5.2千克），不同规模牧场间经产牛高峰产量差异较大，且牧场规模越大，高峰产量则越高。

表7.3　不同群体规模的高峰产量表现

分组	全群规模（头）	牧场数量（个）	牧场数量占比（%）	平均值（千克）	中位数（千克）	最大值（千克）	最小值（千克）	标准差（千克）
头胎牛	<1 000	32	17.5	35.7	35.7	43.2	26.3	3.8
	1 000～1 999	67	36.6	36.6	36.9	44.8	27.5	4.2
	2 000～4 999	57	31.1	36.7	36.5	52.9	29.6	3.8
	5 000及以上	27	14.8	36.4	36.5	49.4	31.1	4.1
	总计	183	100.0	36.5	36.4	52.9	26.3	4.0
经产牛	<1 000	32	17.5	41.5	42.2	48.0	26.3	4.5
	1 000～1 999	67	36.6	43.9	44.5	54.3	31.7	5.2
	2 000～4 999	57	31.1	45.8	45.9	55.4	34.2	4.6
	5 000及以上	27	14.8	46.7	46.0	54.0	32.1	5.0
	总计	183	100.0	44.5	44.7	55.4	26.3	5.1

第四节　305天成年当量

产奶量作为牧场主要收入来源之一，同时也是评估奶牛泌乳性能高低的重要指标，其重要性不言而喻。通常，牧场内多数泌乳牛泌乳天数不同，胎次也分头胎牛和经产牛（第2胎及以上），对于牧场管理者而言，很难用统一标准来评估奶牛个体泌乳性能。为了使不同胎次的产奶量具有可比性，需要将胎次进行标准化，通常将不同胎次的产奶量校正到第5胎的产奶量，以利于分析比较。

对188个牧场进行305天成年当量统计（图7.5），305天成年当量的平均值为10 462千克，中位数为10 514千克，最高值为13 809千克，最低值为6 506千克，50%最密集的牧场成年当量分布于9 729～11 169千克。

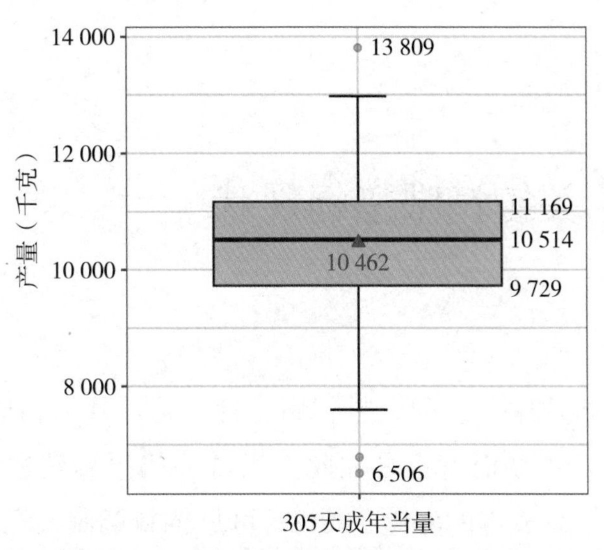

图7.5　牧场305天成年当量分布箱线图（*n*=188）

对不同规模牧场的305天成年当量表现进行分组统计分析（表7.4），可见不同规模牧场305天成年当量平均值范围在9 732～10 943千克，不同规模牧场间差异较大（200～1 200千克），且牧场规模越大，305天成年当量平均值越高，其中规模≥5 000头的牧场305天成年当量平均值最高（达10 943千克）。

表7.4　不同群体规模305天成年当量表现（*n*=188）

全群规模（头）	牧场数（个）	牧场数量占比（%）	平均值（千克）	中位数（千克）	最大值（千克）	最小值（千克）	标准差（千克）
<1 000	35	18.6	9 732	9 820	11 422	6 506	1 147
1 000～1 999	68	36.2	10 416	10 455	13 809	7 598	1 191
2 000～4 999	57	30.3	10 730	10 698	12 666	8 340	1 016
5 000及以上	28	14.9	10 943	10 969	12 700	8 810	986
总计	188	100.0	10 462	10 514	13 809	6 506	1 171

第八章 关键饲喂指标现状

在畜牧行业中，“种、料、病、管”是最基本和最重要的4个维度，对于奶牛场而言也是如此。通常，奶牛养殖过程中饲料成本占牧场生产总成本的60%～80%，可见饲料调制及饲喂对牧场生产及盈利能力等方面的重要性。在实际生产中，奶牛场拌料和投料环节，以及奶牛的干物质采食量等指标均至关重要。因此，作为管理者必须对牧场的饲喂管理细节进行及时地掌控和评估，以便发现问题，改善管理和预防问题发生。本章对饲喂管理中常见的指标，如拌料误差率、投料误差率、成母牛干物质采食量、泌乳牛干物质采食量、干奶牛干物质采食量等做详细分析，以期能够发挥抛砖引玉的作用，为牧场的饲喂管理提供帮助。

第一节 拌料误差率

拌料是指依据不同生理阶段的牛只营养需要（通常以牛舍为单元加以区分），将所需的各种饲草料原料，按照日粮配方和特定添加顺序投入TMR（全混合日粮）搅拌车内，进行加工调制的过程。在实际生产中，往往会出现各种饲草料原料实际拌入量与期望拌入量存在误差的现象，因而计算拌料误差率的目的就是及时对拌料的准确性加以评估，不断完善流程和添加方案，确保奶牛采食到的日粮尽可能趋近于理论配方日粮。

拌料误差率计算方法如下。

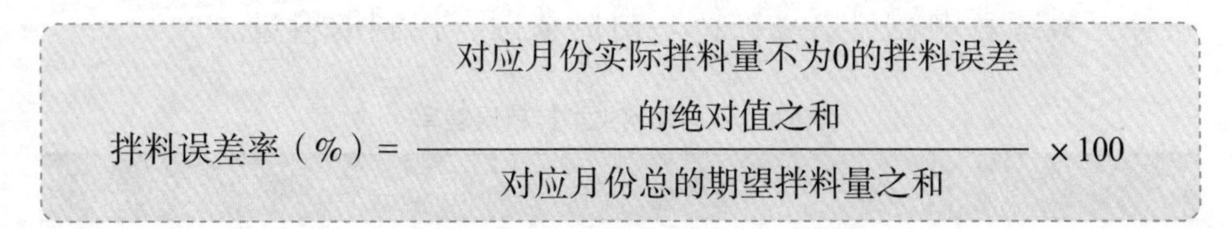

$$\text{拌料误差率（\%）} = \frac{\text{对应月份实际拌料量不为0的拌料误差的绝对值之和}}{\text{对应月份总的期望拌料量之和}} \times 100$$

对过去一年116个牧场的拌料误差率进行统计分析（图8.1），可见四分位数范围1.0%～3.0%（50%最集中牧场的分布范围），平均值为2.2%，中位数为2.0%。

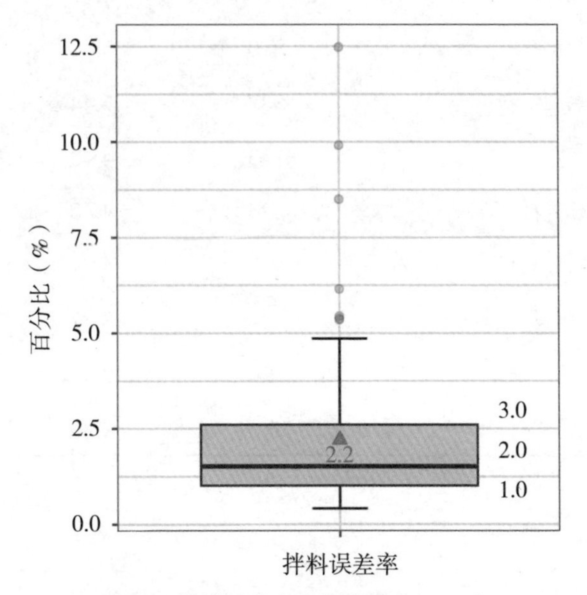

图8.1 拌料误差率分布统计（*n*=116）

根据饲料类型统计拌料误差率，结果如表8.1所示，可见拌料中添加剂误差率最大（13.00%），矿物质饲料次之（7.91%），能量饲料、粗饲料、蛋白质饲料、水、预混料、精料补充料、剩料等误差率范围3%～6%，浓缩料、青贮饲料误差率较低，低于3%。可以看出添加量较少的饲料类型拌料时误差较大，往往这些饲料添加量过多或过少会对奶牛健康造成不利影响，并且导致饲料成本较高；青贮饲料拌料误差率最低，可能是青贮饲料添加量大，并且取料方式不同（青贮窖取料会用到青贮取料机），相对于粗饲料、精料补充料或者颗粒料更易被铲车司机掌握、控制取料量。

表8.1 不同饲料类型拌料误差率

饲料类型	数量（个）	平均值（%）	标准差（%）
添加剂	130	13.00	12.64
矿物质饲料	16	7.91	13.73
能量饲料	395	5.88	6.46
其他	134	5.76	6.56
粗饲料	810	5.46	6.50
蛋白质饲料	337	5.44	6.23
水	119	4.43	6.69
预混料	326	4.40	6.10
精料补充料	492	4.37	6.96
剩料	34	3.37	3.14
浓缩料（精料补充料）	154	2.31	2.95
青贮饲料	358	2.24	3.70

第二节　投料误差率

投料是指将搅拌好的TMR按照投料顺序和期望重量用撒料车撒到指定牛舍的过程。往往实际撒料量和期望投料量会出现一定误差，因此需要计算投料误差率，及时评估，避免投料过多产生浪费，投料过少不够奶牛采食。

投料误差率计算方法如下。

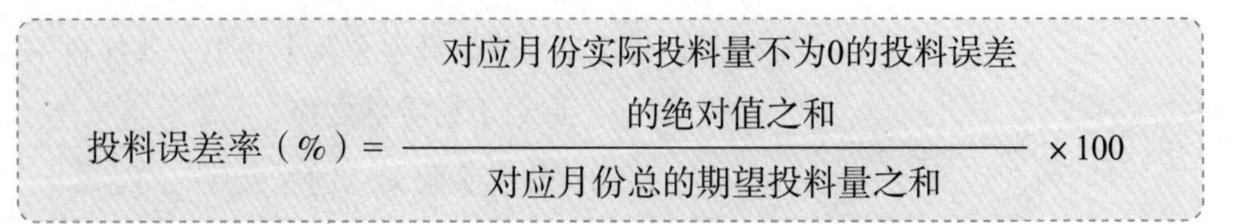

$$投料误差率（\%）=\frac{对应月份实际投料量不为0的投料误差的绝对值之和}{对应月份总的期望投料量之和}\times 100$$

我们对截至当前过去一年111个牛群的投料进行统计汇总（图8.2），四分位数范围1.0%～4.0%（50%最集中牧场的分布范围），平均值为3.8%，中位数为2.0%。

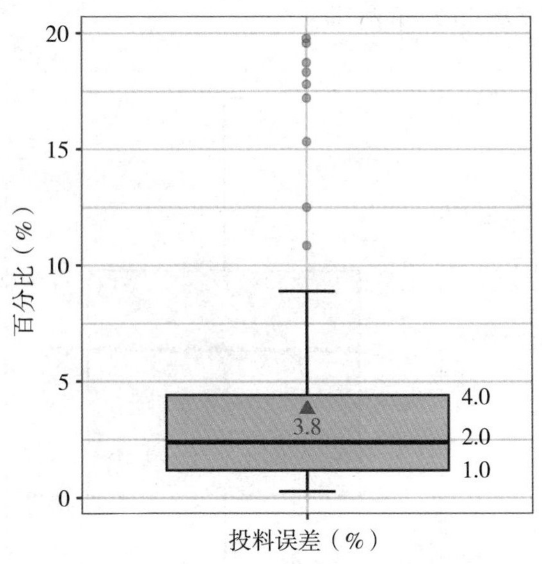

图8.2　投料误差率分布统计（*n*=111）

第三节　成母牛干物质采食量

干物质采食量是日粮配方的基础，干物质采食量（DMI）是奶牛生产中需要首要关注的饲喂指标，它的高低会影响奶牛产奶量和乳成分，是至关重要的生产指标之一。

成母牛干物质采食量计算方法如下。

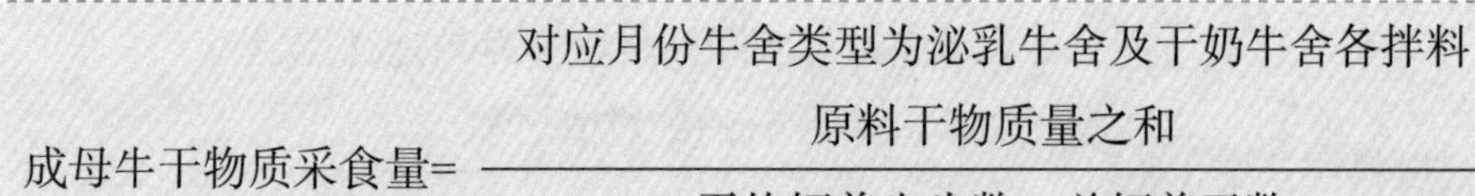

$$\text{成母牛干物质采食量}=\frac{\text{对应月份牛舍类型为泌乳牛舍及干奶牛舍各拌料原料干物质量之和}}{\text{平均饲养牛头数}\times\text{总饲养天数}}$$

排除成母牛干物质采食量异常的牧场，对24个牧场进行成母牛干物质采食量统计（图8.3），平均值为18.9千克，中位数为20.0千克，最高值为25.1千克，四分位数范围16.0～21.0千克（50%最集中牧场的分布范围）。

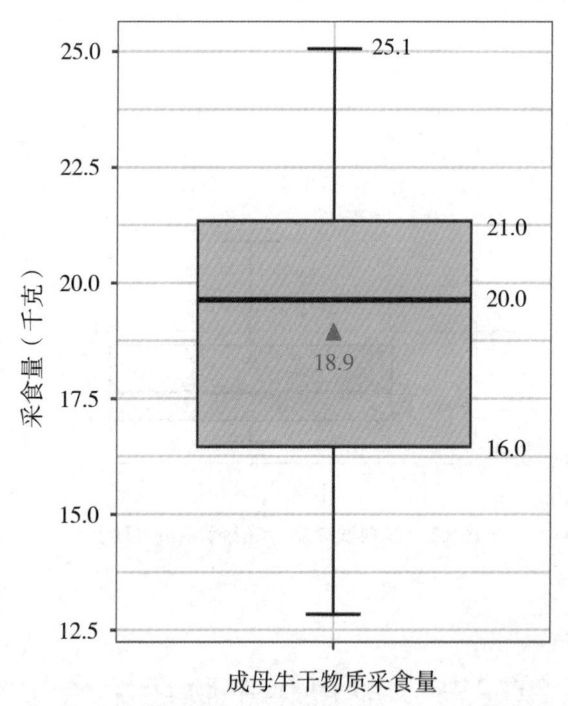

图8.3　成母牛干物质采食量分布统计（*n*=24）

对22个牧场成母牛干物质采食量与成母牛平均单产进行相关分析，两者（Pearson）相关系数为0.63，统计学检验两样本间相关系数达极显著水平（P<0.000 1），反映出成母牛干物质采食量越高，成母牛平均单产越高，结果见图8.4。

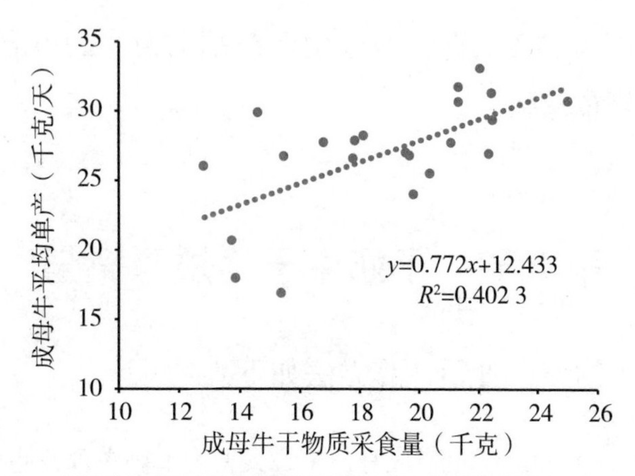

图8.4 成母牛干物质采食量与成母牛平均单产相关分析（*n*=22）

第四节 泌乳牛干物质采食量

泌乳牛干物质采食量计算方法如下。

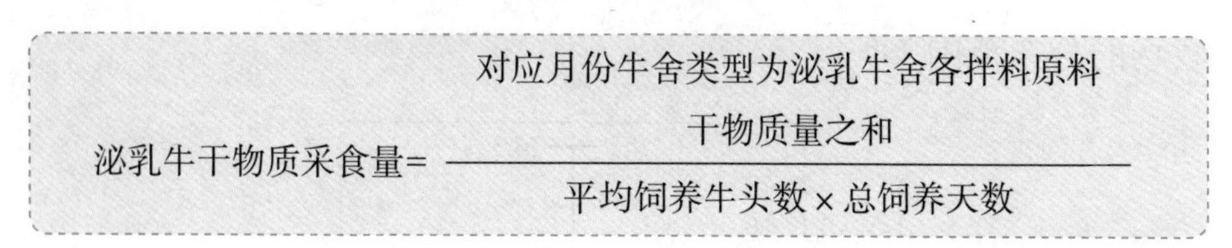

$$泌乳牛干物质采食量=\frac{对应月份牛舍类型为泌乳牛舍各拌料原料干物质量之和}{平均饲养牛头数\times 总饲养天数}$$

排除泌乳牛干物质采食量异常的牧场，对23个牧场进行泌乳牛干物质采食量统计（图8.5），平均值为19.7千克，中位数为20.0

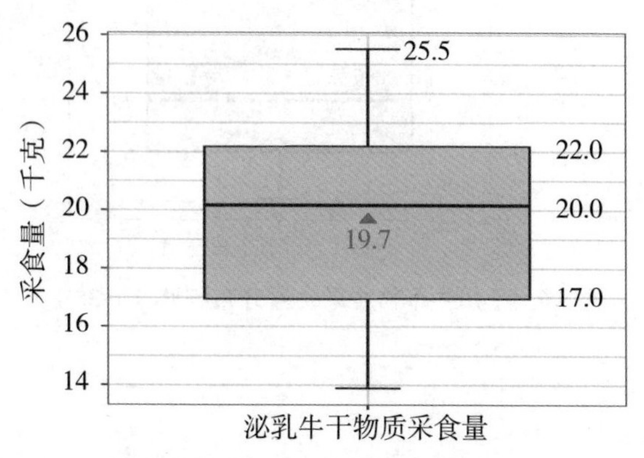

图8.5 泌乳牛干物质采食量分布统计（*n*=23）

千克，最高值为25.5千克，四分位数范围17.0～22.0千克（50%最集中牧场的分布范围）。

第五节　干奶牛干物质采食量

干奶牛干物质采食量计算方法如下。

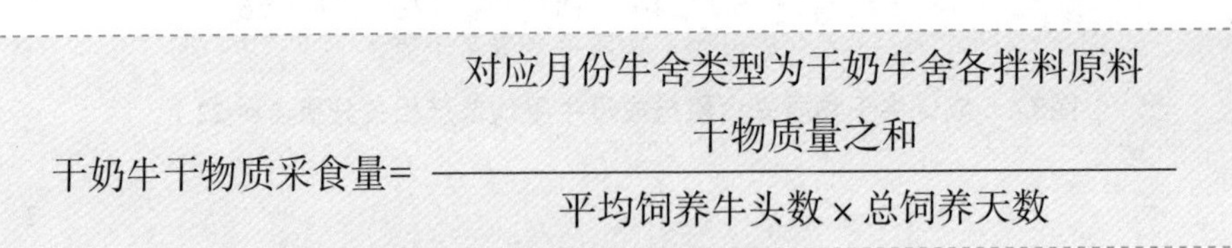

$$干奶牛干物质采食量=\frac{对应月份牛舍类型为干奶牛舍各拌料原料干物质量之和}{平均饲养牛头数\times 总饲养天数}$$

排除干奶牛干物质采食量异常的牧场，对35个牧场进行干奶牛干物质采食量统计（图8.6），平均值为8.6千克，中位数为7.0千克，最高值为14.3千克，四分位数范围6.0～11.0千克（50%最集中牧场的分布范围）。

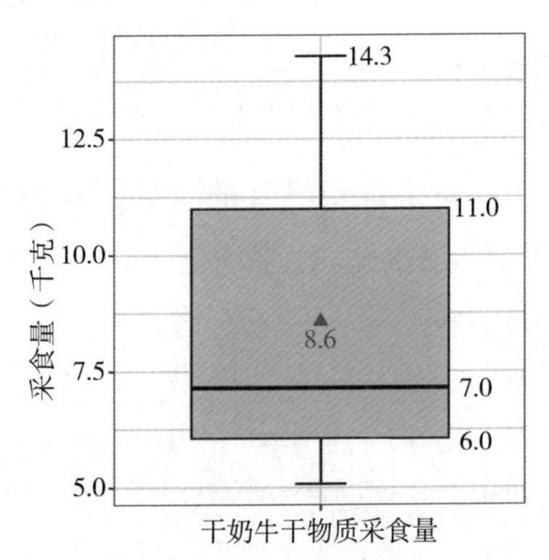

图8.6　干奶牛干物质采食量分布统计（n=35）

第九章 牧场相关生产性能专论

本章为专题部分，主要包括5个专题，即：中小型规模奶牛场间主要繁育指标差异分析、基于生产记录中成母牛乳房炎发病记录的相关影响因素分析、牛群增长率和繁殖、死淘指标间的关系、系谱追溯情况简要分析和受胎率影响因素分析。期望通过对这些专题的具体深入分析或介绍，让读者更多地了解相关的内容，进而促进牧场的生产管理和技术水平的提升。

专题一：中小型规模奶牛场间主要繁育指标差异分析

当前国内规模化、集约化的牧场越来越多，千头牧场和万头牧场也越来越多，而全群几百头的小型规模牧场越来越少。不同规模牧场间繁殖管理有一定差异，繁殖指标也有高有低，尤其是小型规模牧场繁殖指标相较于中型、大型牧场仍存在一定差距（详见“第三章成母牛关键繁育性能现状”）。因此，小型规模牧场仍有较大提升空间。

本章为分析中小型规模牧场间主要繁殖指标差异，对一牧云系统内小型规模（<1 000头）、中型规模（1 000～1 999头）繁殖指标（包括：成母牛怀孕率、配种率、受胎率、空怀天数、产犊

间隔、流产率，后备牛怀孕率、配种率、受胎率等）进行对比分析，并结合代表性牧场进行案例分析，以便读者对造成不同规模牧场间繁殖指标的差异的原因有较为深入的了解。

1. 中小型规模牧场成母牛繁殖指标表现分布统计

数据来源：一牧云2022年度关键生产性能指标。

对中小型牧场成母牛主要繁殖指标，包括：21天配种率、21天怀孕率、受胎率及流产率（全），进行分布统计并制作箱线图，结果如图9.1所示。

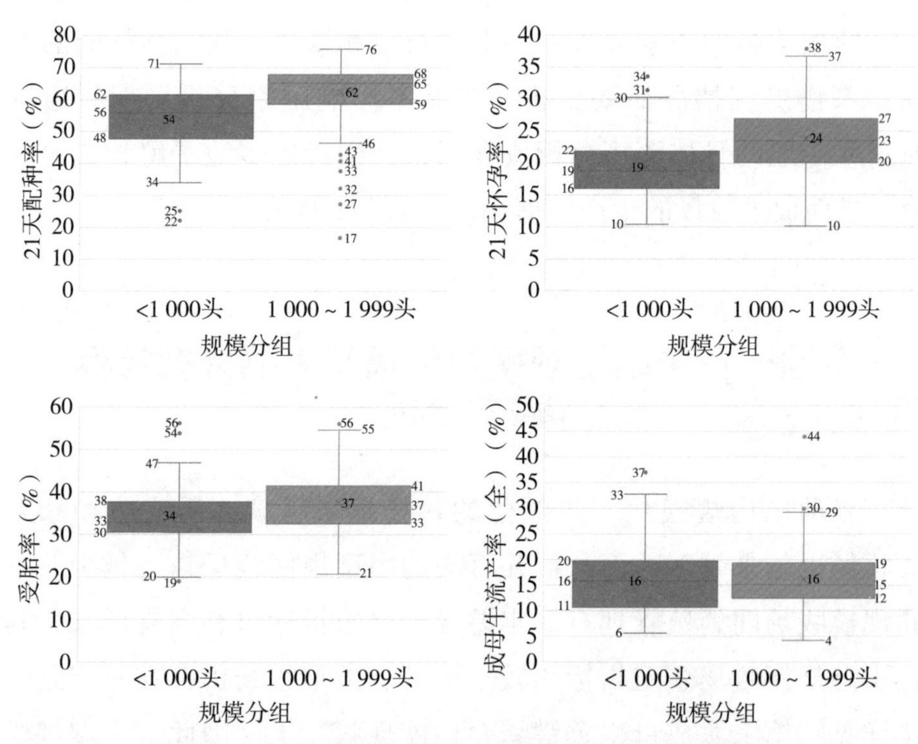

图9.1　中小型规模牧场成母牛主要繁殖指标分布统计箱线图

由图9.1可见，中型牧场（1 000 ~ 1 999头）成母牛21天配种率、21天怀孕率、受胎率平均值和中位数相较于小型牧场（<1 000头）均较高。其中，中型牧场21天配种率较小型牧场高8

个百分点（平均值62%对比54%），21天怀孕率较小型牧场高5个百分点（平均值24%对比19%），受胎率较小型牧场高3个百分点（平均值37%对比34%）。中型牧场成母牛流产率（全）平均值、中位数与小型牧场持平，平均值16%，中位数15%～16%。

由图9.2可见，中型牧场（1 000～1 999头）成母牛平均空怀天数、产犊间隔相较于小型牧场（<1 000头）均较低，其中中型牧场平均空怀天数较小型牧场低15天（平均值126天对比141天），产犊间隔较小型牧场低3天（平均值408天对比411天）。

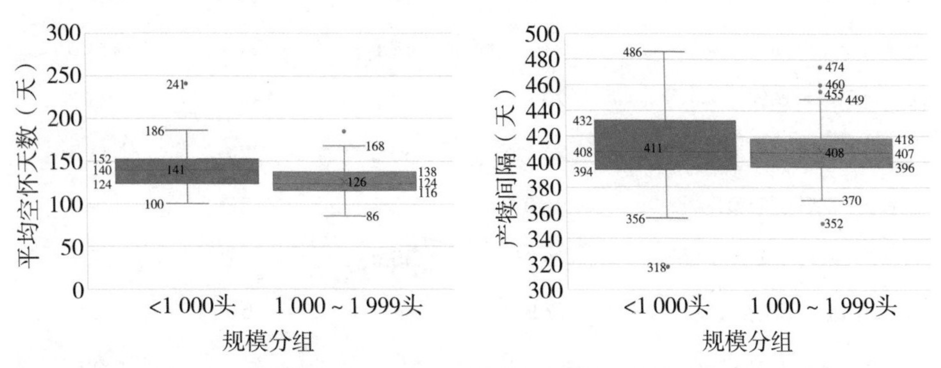

图9.2 中小型规模牧场成母牛空怀天数与产犊间隔分布统计箱线图

2. 代表性牧场成母牛繁殖指标案例分析

由表9.1可见，小型牧场（场1、场3）明显低于中型牧场（场2、场4）的指标包括：成母牛怀孕率、成母牛配种率，我们通常也认为繁殖核心指标主要为以上指标。其余繁育指标存在交叉。

从平均空怀天数和产犊间隔上来看，中型牧场表现较好，这与中型牧场成母牛21天怀孕率较高一致，奶牛产后主动停配期之后及时配种，再加上较高的受胎率，很大比例的奶牛可以及早怀孕（空怀天数降低），而奶牛妊娠期（280天左右）不变，产犊间隔也会降低。

表9.1　代表性牧场成母牛主要繁殖指标统计

指标	场1	场2	场3	场4
全群牛头数（头）	502	1 442	883	1 113
成母牛头数（头）	258	704	396	574
后备牛头数（头）	244	662	374	539
成母牛怀孕率（%）	16.5	20.8	19.3	24.5
成母牛配种率（%）	53.7	62.1	57.4	70.1
成母牛受胎率（%）	30.5	32.6	34.0	35.3
1胎牛受胎率（%）	30.9	35.2	33.8	37.9
2胎牛受胎率（%）	31.4	33.5	34.7	34.0
≥3胎受胎率（%）	29.1	31.2	34.1	34.7
第1次配种受胎率（%）	34.1	30.3	37.6	41.3
第2次配种受胎率（%）	34.9	30.2	33.9	39.7
≥3次配种受胎率（%）	26.8	35.9	31.6	29.7
成母牛流产率（全）（%）	17.8	14.3	15.7	28.0
首配泌乳天数（天）	68	63	65	69
成母牛平均空怀天数（天）	153	128	156	138
产犊间隔（天）	432	411	417	409
成母牛主动停配期（天）	50	50	70	68

注：对比主要取中小型牧场21天怀孕率接近平均值（24%对比19%）和第75%百分位数（20%对比16%）的牧场，场1、场3代表小型牧场，场2、场4代表中型牧场。

由图9.3可见，场1、场3成母牛21天怀孕率较低的原因主要是21天配种率较低，其中场1成母牛产后首次配种天数较为分散，多数牛只产后首次配种天数高于设置的成母牛主动停配期（50天）；场3成母牛产后首次配种天数较为集中且配种过早，但多数牛只产后首次配种天数低于设置的成母牛主动停配期（70天）。相比之下，场2、场4成母牛21天怀孕率较高，主要原因是21天配种率较高，产后首次配种较为集中且与成母牛主动停配期相当。

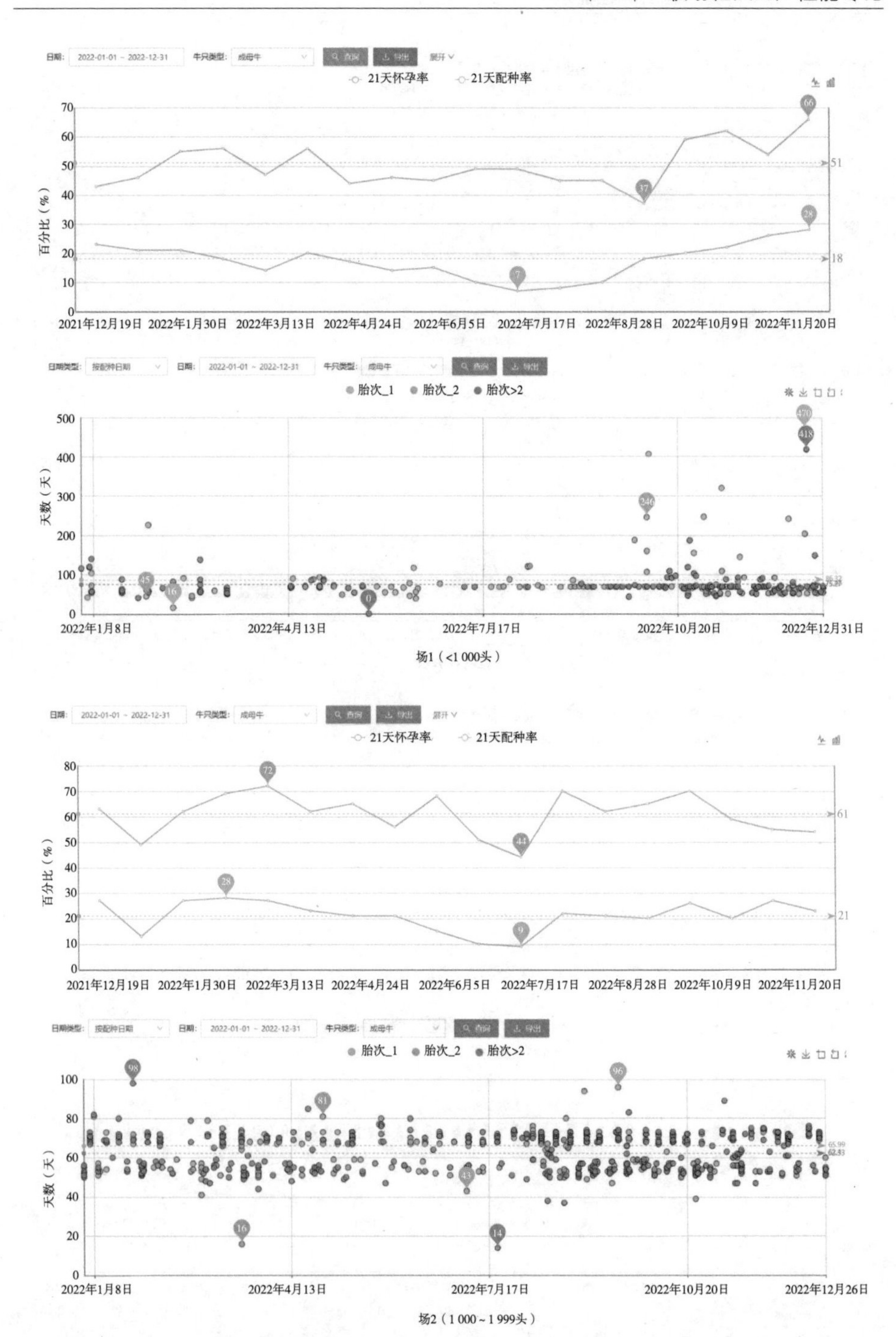

图9.3　2022年度代表性牧场成母牛21天怀孕率及配种率统计图及首次配种散点图

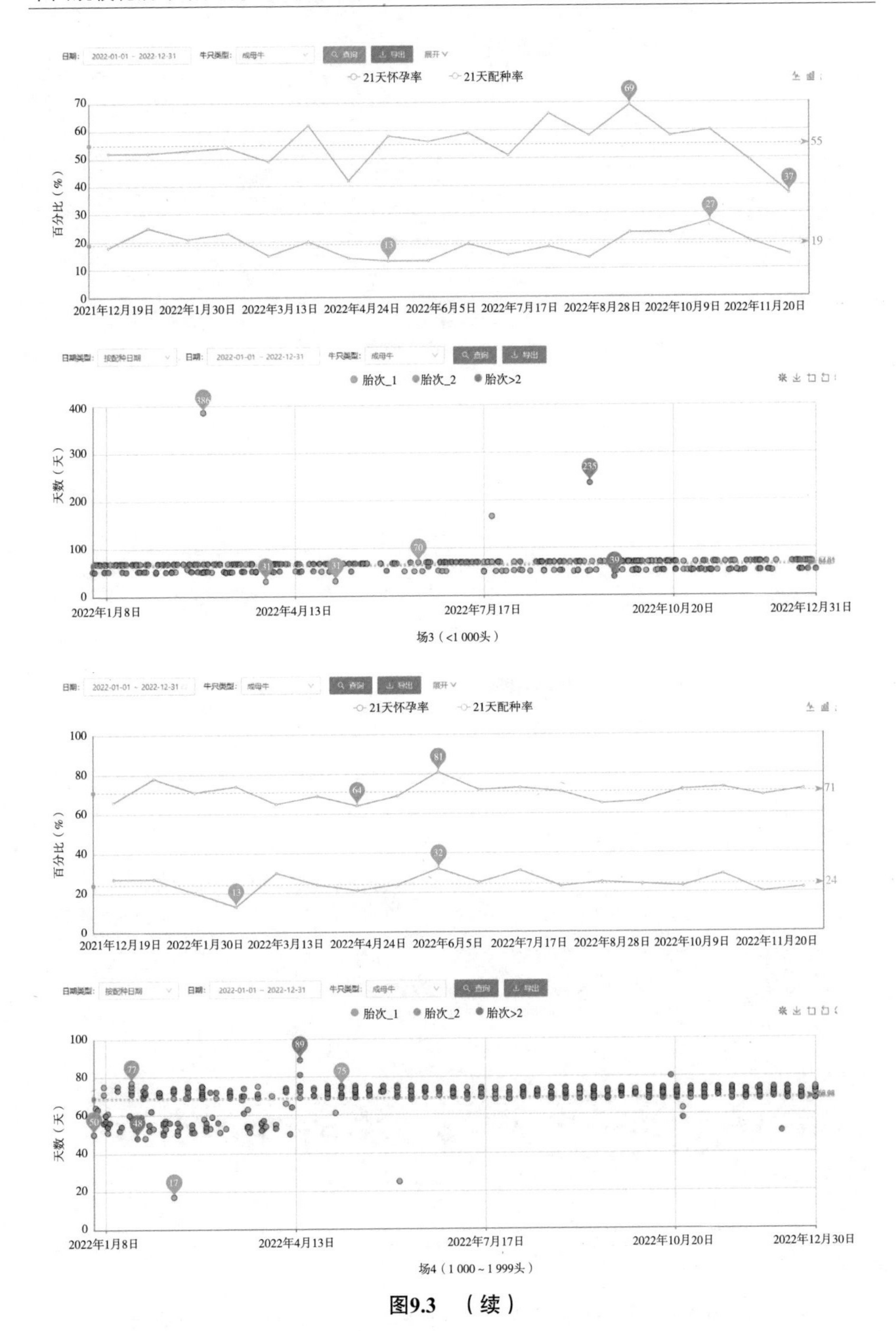
日期：2022-01-01 ~ 2022-12-31
牛只类型：成母牛
查询
导出
展开
21天怀孕率
21天配种率
百分比（%）
2021年12月19日
2022年1月30日
2022年3月13日
2022年4月24日
2022年6月5日
2022年7月17日
2022年8月28日
2022年10月9日
2022年11月20日
日期类型：按配种日期
胎次_1
胎次_2
胎次>2
天数（天）
2022年1月8日
2022年4月13日
2022年7月17日
2022年10月20日
2022年12月31日
场3（<1 000头）
2022年12月30日
场4（1 000 ~ 1 999头）

图9.3 （续）

以成母牛受胎率为例，进一步对存在交叉的繁殖指标进行具体分析，场1（小型）<场2（中型）<场3（小型）<场4（中型），分别为30.5%、32.6%、34.0%和35.3%。基于单因素受胎率分析模型进行分析如下。

（1）按不同胎次统计受胎率，中型牧场（场2、场4）头胎牛受胎率均高于经产牛，而小型牧场（场1、场3）头胎牛受胎率低于经产牛受胎率，这与奶牛头胎牛繁殖力应高于经产牛的生理规律相反，需要关注奶牛是不是长得较肥，或者头胎牛胎儿较大，容易造成产道拉伤，子宫复旧慢，受胎率低①。

（2）按不同配次统计受胎率，场1、场2第1次配种受胎率均与第2次配种受胎率相当，场2的第3次配种受胎率最高，核查场2受胎率影响因素，发现该牧场头胎牛配种方式中同期处理第1、第2次配种受胎率低（25%左右），2胎牛同期处理第1次配种受胎率也较低（27%左右）；场3、场4第1次配种受胎率高于第2、第3次及以上，符合奶牛产后生理规律。

小型牧场头胎牛受胎率低于经产牛，反映出小型牧场在新产牛健康管理、营养管理方面相对于中型牧场存在更大漏洞，而不同配次受胎率的差异，反映出受胎率跟牧场规模没有明显的关联性，更多取决于主动停配期设置的合理性，同期流程的执行有效性等生产管理因素。

另外，场1、场2、场3成母牛流产率（全）基本一致，但场4较高（28.0%）。

3. 中小型规模牧场后备牛繁殖指标表现分布统计

统计中小型牧场后备牛繁殖指标，由图9.4可见，中型牧场

① 李冉，2020-09-02. 规模牧场繁育数据分析. 荷斯坦杂志. https://mp.weixin.qq.com/s/X75HgoeDRkuSwRdc-32AMg。

（1 000～1 999头）后备牛21天配种率、21天怀孕率平均值和中位数相较于小型牧场（<1 000头）均较高。其中，中型牧场后备牛21天配种率较小型牧场高14个百分点（平均值53%对比39%），后备牛21天怀孕率较小型牧场高9个百分点（平均值31%对比22%）。中型牧场后备牛受胎率平均值、中位数与小型牧场持平，平均值53%～54%，中位数53%～54%，后备牛流产率（全）与小型牧场相当，平均值8%～10%，中位数7%。

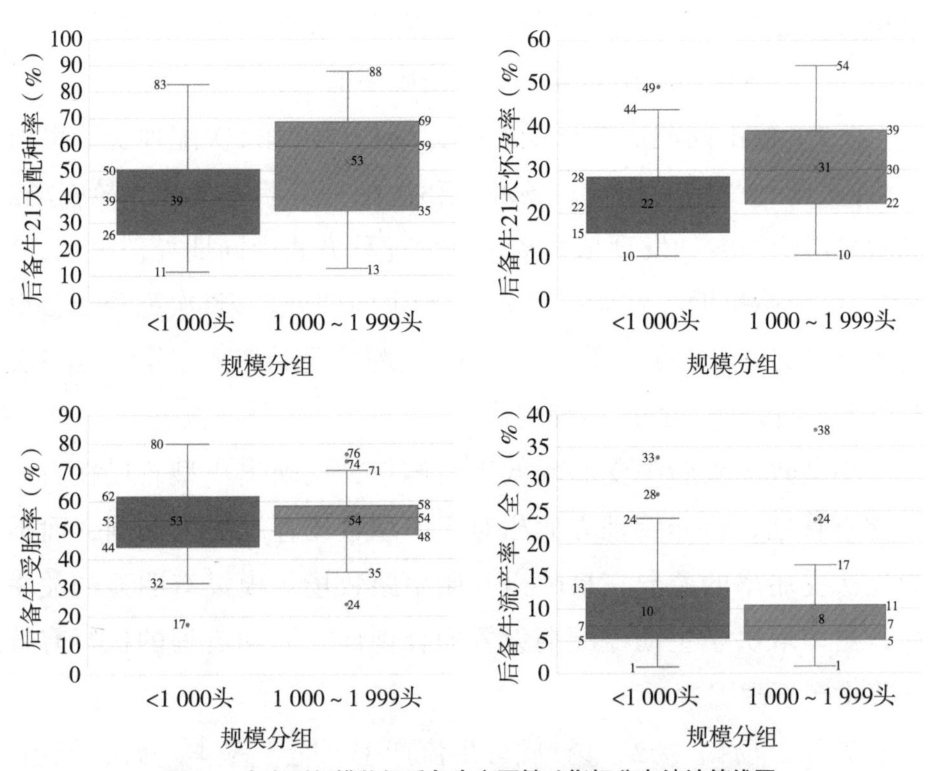

图9.4　中小型规模牧场后备牛主要繁殖指标分布统计箱线图

由图9.5可见，中型牧场（1 000～1 999头）后备牛平均首配日龄、后备牛平均受孕日龄、后备牛17月龄未孕比例相较于小型牧场（<1 000头）均较低。其中，中型牧场后备牛平均空怀天数较小型牧场低6天（平均值426天对比432天），后备牛受孕日龄较小型牧场低8天（平均值468天对比476天），后备牛17月龄未孕比例

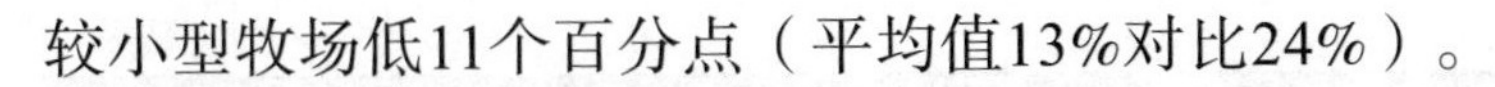
较小型牧场低11个百分点（平均值13%对比24%）。

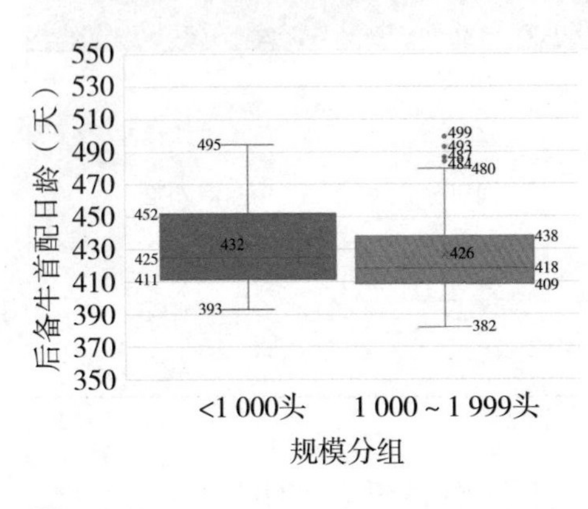

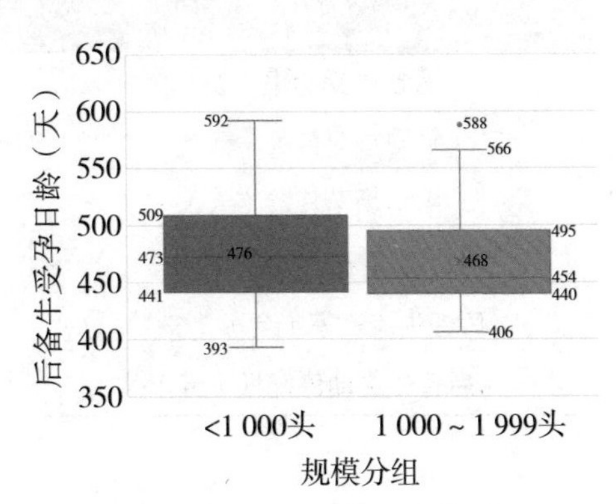

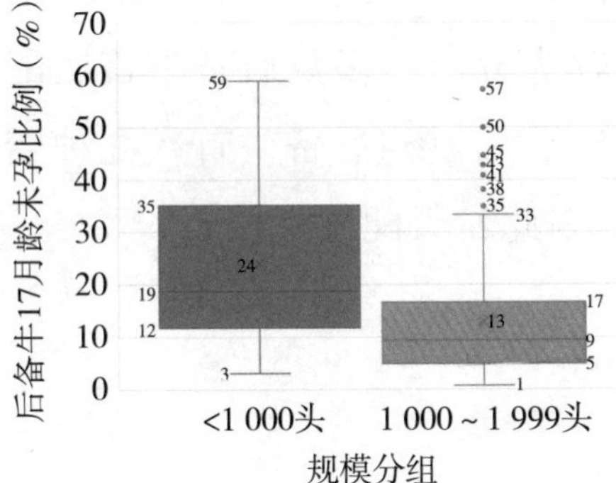

图9.5　中小型规模牧场后备牛首配日龄、受孕日龄与17月龄未孕比例分布统计箱线图

4. 代表性牧场后备牛主要繁殖指标案例分析

由表9.2可见，核心繁育指标后备牛21天怀孕率，中型牧场（场4）后备牛怀孕率为30.1%明显高于小型牧场（场3）的21%，后备牛配种率表现场4明显高于场3（70.2%对比37.9%）。且从17月龄未孕比例来看，中型牧场（场4）的17月龄未孕比例（8.2%）远低于小型牧场（场3）的14.1%。

表9.2　代表性牧场后备牛主要繁殖指标比较分析

指标	场3	场4
后备牛21天怀孕率（%）	21.0	30.1
后备牛配种率（%）	37.9	70.2

（续表）

指标	场3	场4
后备牛受胎率（%）	55.9	43.7
平均首配日龄（天）	431	437
平均受孕日龄（天）	459	492
17月龄未孕比例（%）	14.1	8.2
后备牛流产率（全）（%）	6.3	10.8
后备牛主动停配期（天）	405	425

由图9.6可见，场3后备牛21天怀孕率较低的原因主要是21天配种率较低，后备牛首次配种天数较为分散，多数后备牛首次配种天数高于后备牛主动停配期（405天）；场4后备牛首次配种较为集中且与后备牛主动停配期相当，因此21天配种率较高。

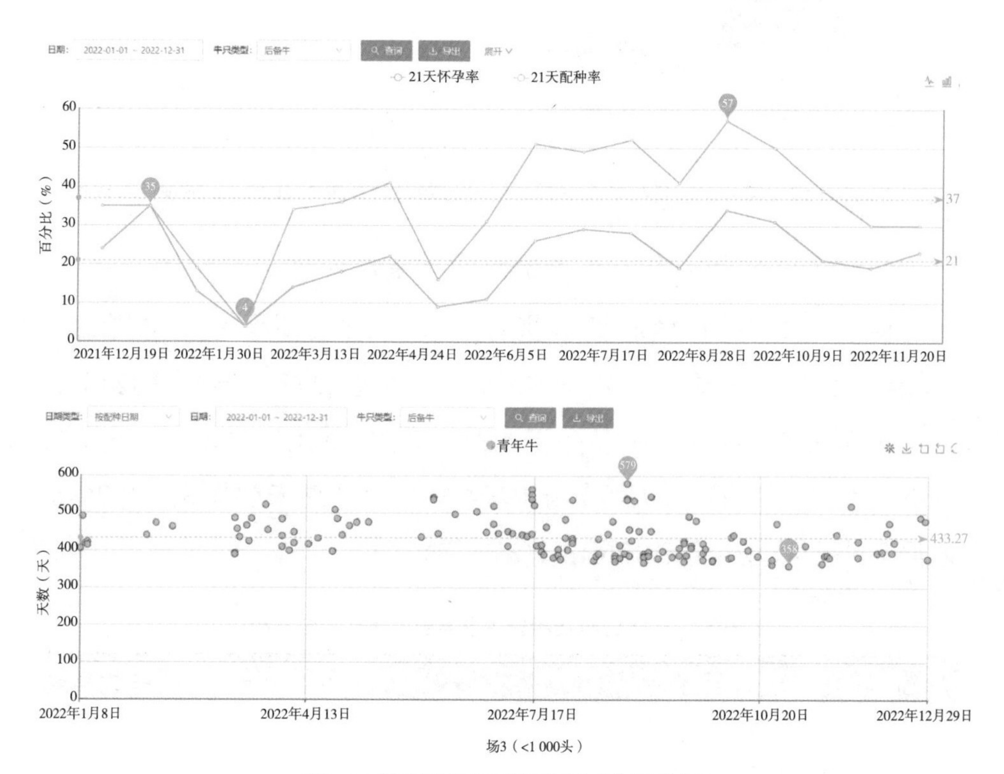

图9.6　代表性牧场后备牛繁殖指标分析

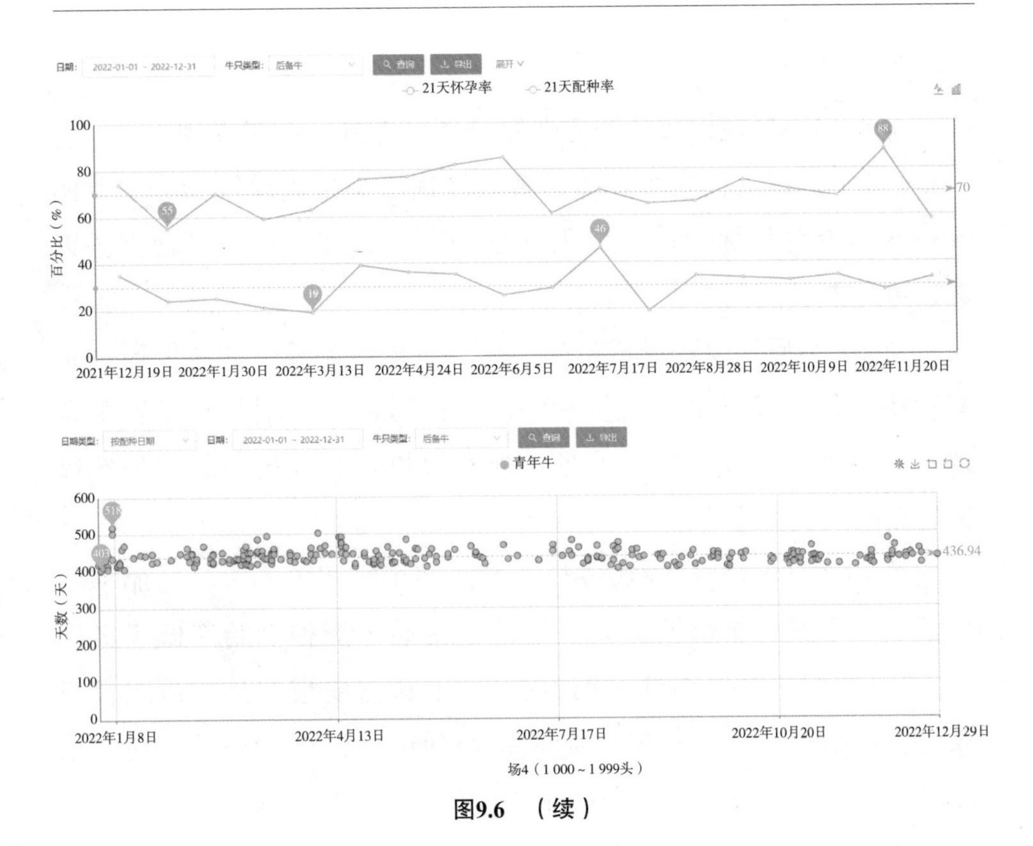

图9.6　（续）

小型牧场（场3）后备牛受胎率远高于中型牧场（场4）的后备牛受胎率（55.9%对比43.7%），但最终却没有取得好的后备牛繁育表现成绩，反映出受胎率在评估繁殖表现中的片面性，良好的后备牛繁育流程，对于后备牛配种率的提升具有非常明显的作用。通过比较我们也看出配种率的提升对怀孕率的提升，相比于单纯关注受胎率有更大的价值。

此外，单独针对场4后备牛受胎率较低原因进行分析，可见该牧场某一配种员配种头数占比最高90%以上，但配种受胎率仅为43%，核查该配种员成母牛配种受胎率（35%），也处于较低水平，因此需要核查该配种员的配种流程，进行相关配种操作培训，找到问题并优化配种操作。

5. 小结

分析中小型规模牧场间主要繁殖指标差异，结果发现：

（1）中型规模牧场整体繁育表现优于小型规模牧场，主要体现的核心繁育指标包括：21天怀孕率、21天配种率、平均空怀天数、平均产犊间隔等。

（2）小型规模牧场成母牛、后备牛繁殖率较低的主要原因是配种率较低，成母牛产后主动停配期或后备牛开配月龄设置不合理；而中型牧场成母牛和后备牛配种率均较高，较高的配种率保证较高的21天怀孕率。

（3）中小型规模牧场成母牛受胎率水平相差不大，受胎率的高低更多受某一个因素影响，可能是头胎牛配种受胎率低于经产牛，第1次配种受胎率低于第2次及以上，需要根据具体情况核查原因，如头胎牛产后保健与护理是否到位、首次配种是否在主动停配期前后及时配种、同期操作流程是否严格执行等。

（4）繁殖表现主要受管理因素影响，不管牧场规模大小，只要做好繁殖管理的每个关键环节，发情观察或同期处理、及时配种避免错过发情期、配种操作流程统一规范、及时孕检，再加上良好围产期前期饲养管理和后期产后护理、保健，这样繁殖率就会越来越高。

表9.3　中小型规模牧场成母牛、后备牛主要繁殖指标对比

序号	指标	<1 000头				1 000～1 999头				全部			
		中位数	平均值	参考范围	数量	中位数	平均值	参考范围	数量	中位数	平均值	参考范围	数量
1	成母牛怀孕率（%）	18.7	19.3	16.3～21.7	73	23.5	23.9	20.2～26.9	101	24.2	24.6	20.1～29.3	303
2	成母牛配种率（%）	55.8	53.9	48～61.5	76	65.1	62.3	58.7～67.7	102	65.6	62.9	57.6～69.9	311
3	成母牛受胎率（%）	32.9	34.3	30.5～37.7	76	37.0	37.4	32.6～41.4	102	37.7	38.0	32.8～43	313
4	第1胎牛受胎率（%）	34.3	36.8	31.2～42.4	76	39.9	40.6	34.5～46.7	102	40.5	40.8	34.5～47.1	313
5	第2胎牛受胎率（%）	33.6	34.6	28.7～39.4	72	35.5	37.4	32.4～42.9	99	37.5	37.8	32.6～43.4	302
6	第3胎及以上受胎率（%）	32.4	33.4	29.4～37.5	67	35.0	35.7	31.1～39.6	98	35.7	35.9	31.2～40.3	286
7	第1次配种受胎率（%）	37.1	37.4	33.8～41.6	76	41.9	41.9	35.2～47.5	102	42.5	42.5	36.8～48.1	313
8	第2次配种受胎率（%）	35.4	36.6	32.7～41.5	76	38.7	39.1	34.7～42.9	102	39.7	39.5	34.9～43.8	313
9	3次及以上配种受胎率（%）	29.5	30.0	26.3～31.5	76	31.2	32.5	28.2～37.2	101	31.6	33.0	28.1～38.3	312
10	成母牛150天未孕比例（%）	28.5	29.7	21.2～33.4	76	21.6	23.3	17.8～27.1	100	21.9	24.0	17.9～28.2	305
11	平均空怀天数（天）	140	141	124～152	75	124	126	116～137	100	124	126	113～137	308

（续表）

序号	指标	<1 000头				1 000～1 999头				全部			
		中位数	平均值	参考范围	数量	中位数	平均值	参考范围	数量	中位数	平均值	参考范围	数量
12	成母牛流产率（全）（%）	15.8	15.7	10.6～19.7	74	15.1	16.2	12.5～19.4	101	15.9	16.2	12.2～19.7	310
13	产犊间隔（天）	408	411	394～432	74	407	408	396～418	103	401	402	390～413	311
14	后备牛怀孕率（%）	21.6	22.4	15.7～27.9	66	30.0	30.6	22.3～38.9	96	32.2	32.0	23.2～40.9	291
15	后备牛配种率（%）	38.5	38.7	26～49.9	74	59.4	53.2	34.7～68	101	58.2	55.4	41.7～71.1	305
16	后备牛受胎率（%）	53.3	53.3	44.4～61	72	54.3	53.6	48.6～58.3	98	54.8	54.6	49.5～59.5	302
17	后备牛平均首配日龄（天）	425	432	413～451	64	418	426	409～438	95	418	424	408～433	292
18	后备牛平均受孕日龄（天）	473	476	441～508	69	454	468	440～495	98	450	461	435～481	300
19	后备牛17月龄未孕比例（%）	18.8	24.0	12.1～34.5	67	9.4	12.9	5～16.4	97	10.3	14.2	5.1～17.7	292
20	青年牛流产率（全）（%）	7.3	9.7	5.4～12.9	73	7.4	8.2	5.2～10.5	101	7.1	8.3	5.4～10.1	306
21	全群牛头数（头）	665	670	523～867	78	1 396	1 427	1 169～1 659	104	1 670	3 286	1 007～3 186	318

专题二：基于生产记录中成母牛乳房炎发病记录的相关影响因素分析

乳房炎作为牧场奶牛最常见的疾病之一，对牧场生产危害性极大，一是患乳房炎的奶牛产奶量下降，二是用于治疗乳房炎花费较多，三是因乳房炎淘汰的牛只占总淘汰5%以上，这些都在经济上造成一定损失。因此，加深了解乳房炎记录与相关生产记录之间的关联关系，对奶牛乳房炎发病规律和影响因素进行分析是有必要的。

本专题为分析生产阶段中相关的因素对成母牛乳房炎发病的影响，对一牧云系统内牧场牛只健康事件内乳房炎这一疾病相关的因素，包括：发病月份、发病乳区位置和个数、发病次数、产后天数、胎次、严重程度、治愈天数等进行统计，对影响乳房炎发病的可能因素进行分析，为生产管理者在实际生产中实施乳房炎预防措施提供数据支撑及参考依据。

1. *乳房炎发病影响因素分析*

数据来源：一牧云2018年1月1日至2022年12月31日疾病事件内成母牛乳房炎事件共计446 700条。进一步筛选泌乳天数[0，700]天，发病记录时有发病乳区位置记录的事件作为有效数据，共计得到404 054条事件用于统计分析。

根据乳房炎发病月份分组统计每个月的发病次数及占比，结果如表9.4所示，如果按平均分配，每个月乳房炎发病次数占比应为8.3%（100%/12），可见1—6月以及11月，乳房炎发病次数占比均低于平均值，其中2—6月占比均低于7.6%，4月最低为6.6%；7—9月乳房炎发病次数占比较高，均超过9%，8月最高达11.5%。

7—9月是夏季环境温度最高，降水量较大的月份，成母牛（尤其泌乳牛）受热应激影响，环境卫生条件较差的情况下，更易患乳房炎。

表9.4　不同发病月份乳房炎发病次数与占比

发病月份	发病次数（次）	占比（%）
1	31 927	7.9
2	28 971	7.2
3	30 481	7.5
4	26 609	6.6
5	28 153	7.0
6	30 467	7.5
7	39 730	9.8
8	46 454	11.5
9	38 841	9.6
10	34 801	8.6
11	32 592	8.1
12	35 028	8.7
总计	404 054	100.0

根据乳房炎发病时登记的发病乳区分组统计发病次数及占比，结果如表9.5所示，可见发病次数较多（占比较大）的乳区是左前（占比24.8%）、右前（占比22.5%）、右后（占比20.9%）、左后（占比20.4%）这4个单一乳区感染乳房炎，其次是4个乳区都感染乳房炎（占比3.9%），其他3个和2个乳区感染乳房炎的发病次数较少。

表9.5　不同发病乳区位置对应发病次数与占比

乳区	发病次数（次）	占比（%）
左前	100 103	24.8
右前	90 915	22.5
右后	84 297	20.9
左后	82 318	20.4
四个乳区	15 688	3.9
左前右前	6 428	1.6
左前左后	6 091	1.5
右前右后	4 705	1.2
左后右后	4 304	1.1
左前右后	3 537	0.9
右前左后	1 990	0.5
三个乳区	3 678	0.9

将所有发病记录中的发病乳区拆分到4个乳区中，以4个乳区单独分组统计，计算每个乳区发病次数及占比，结果如表9.6所示。乳房炎发病中，左前乳区发病最多，占比高达27.7%，其次是右前乳区，占比25.3%，后乳房两个乳区发病相当，分别占比23.3%、23.7%。推测前乳区发病次数较多，一是可能和挤奶上杯操作有关，通常挤奶上杯时挤奶工会先将挤奶杯套上前乳房的左前和右前乳头（上杯时总有先后），然后是后乳房的左后和右后乳头，这样会使得上杯时前乳房两个乳头先受力，每天3次或4次挤奶，日积月累，会对乳头造成拉伤，更易被细菌侵入感染；二是奶牛后乳区的牛奶总比前乳区多，后乳区的奶挤完后摘除奶杯，这就意味着一段时间内前乳区可能存在挤奶过度[①]，也会对乳头造成不可逆的伤害，尤其是左前乳区发病最多，这也说明在多

① 来源：https://mp.weixin.qq.com/s/5i4A17vc60pnYQ9DHnUhbg。

数牧场，左前乳头是最先上杯的。

表9.6 单个乳区合计乳房炎发病次数

	左	右
前	134 643（27.7%）	122 641（25.3%）
后	113 179（23.3%）	115 066（23.7%）

进一步统计不同胎次组中4个乳区的发病次数及占比，由表9.7可见，不同胎次乳房炎发病中，头胎牛左前乳区和右后乳区发病最多，占比分别为26.9%和26.0%，其次是左后乳区和右前乳区，占比分别为24.9%和22.2%，这一结果也说明奶牛第一胎产犊泌乳，前后乳区都第一次挤奶，患乳房炎的概率基本相当，没有出现像表9.6中前乳房两个乳区发病次数明显高于后乳房。第2胎及以上前乳房两乳区发病次数明显高于后乳房两乳区发病次数，这再次表明前乳房可能因长期先上杯，乳头拉伤，易受细菌感染而患乳房炎。

表9.7 不同胎次单个乳区合计乳房炎发病次数

	1胎		2胎		3胎		≥4胎	
	左	右	左	右	左	右	左	右
前	30 817（26.9%）	25 472（22.2%）	38 129（28.5%）	34 505（25.8%）	30 610（28.0%）	29 015（26.6%）	35 087（27.4%）	33 649（26.3%）
后	28 521（24.9%）	29 779（26.0%）	30 039（22.5%）	30 982（23.2%）	24 722（22.6%）	24 855（22.8%）	29 897（23.3%）	29 450（23.0%）

按发病时登记发病乳区个数分组统计发病次数及占比，由表9.8可见，乳房炎发病时登记的乳区个数中，1个乳区发病次数占比最多（88.5%），2个及以上乳区发病次数占比较少，占比7%以内。这也说明常见情况下，奶牛首次发生乳房炎时多为1个乳区受感染。

表9.8　乳房炎不同乳区发病个数的发病次数与占比

乳区个数	发病次数（次）	占比（%）
1	357 633	88.5
2	27 055	6.7
3	3 678	0.9
4	15 688	3.9

按乳房炎发病时的产后天数分组统计乳房炎发病次数及占比，由表9.9可见，产后天数分组中，产后14天内（2周）乳房炎发病次数最多，产后≥300天次之，占比9.3%，产后15～300天内乳房炎发病次数逐渐减少，其中产后0～105天合计占比43.2%，而此阶段包含奶牛产后泌乳前期、高峰期和部分中期，因此该阶段需重点关注，及早发现并治疗乳房炎发病牛只，避免奶牛在该关键阶段因患乳房炎，未得到及时治疗，导致降产，奶产量损失。

表9.9　不同产后天数分组乳房炎发病次数与占比

产后天数分组	发病次数（次）	占比（%）
[0，15）	42 719	10.6
[15，30）	22 157	5.5
[30，45）	22 171	5.5
[45，60）	22 637	5.6
[60，75）	22 497	5.6
[75，90）	21 352	5.3
[90，105）	20 585	5.1
[105，120）	19 899	4.9
[120，135）	19 539	4.8
[135，150）	18 436	4.6
[150，165）	17 848	4.4

（续表）

产后天数分组	发病次数（次）	占比（%）
[165，180）	16 897	4.2
[180，195）	16 257	4.0
[195，210）	15 229	3.8
[210，225）	14 191	3.5
[225，240）	13 166	3.3
[240，255）	11 881	2.9
[255，270）	11 168	2.8
[270，285）	9 910	2.5
[285，300）	7 913	2.0
⩾300	37 602	9.3

按乳房炎发病时的胎次分组统计乳房炎发病次数及占比，由表9.10可见，不同胎次分组中，2胎发病次数较多，4胎及以上总计发病次数次之，1胎和3胎牛乳房炎发病次数最少。

表9.10　不同胎次分组乳房炎发病次数与占比

胎次分组	发病次数（次）	占比（%）
1	91 769	22.7
2	111 417	27.6
3	92 550	22.9
⩾4	108 318	26.8

按单个胎次累计乳房炎发病次数分组统计乳房炎发病次数及占比，由表9.11可见，同一个体同一胎次发病次数统计分组中，发病1次的个体最多，占比73.4%，发病2次次之，占比16.8%，发病3次和4次及以上有所下降，占比均约为5%。

表9.11　不同发病次数分组下乳房炎发病头次与占比

发病次数分组	发病头次（次）	占比（%）
1	202 505	73.4
2	46 247	16.8
3	14 796	5.4
≥4	12 430	4.5

为统计牛只个体乳房炎复发率，同一个体同一胎次内乳房炎发病事件排序记录发病次数序号，“1”表示第一次发病，“2”表示第二次发病，统计第n次发病序号对应次数，乳房炎复发率就等于第$n+1$次发病次数除以第n次发病次数。结果如图9.7所示，可见，奶牛乳房炎第2次发病占第1次的26.6%（即复发率超过25%），第3次发病占第2次的37.1%，依次类推，当乳房炎发病次数超过5次及以上时，奶牛乳房炎复发率超过50%，乳房炎发病10次以内的牛只，发病次数越多，复发率越高。说明牛只个体频繁感染乳房炎，大多数难以根治，一半以上都会再次感染。

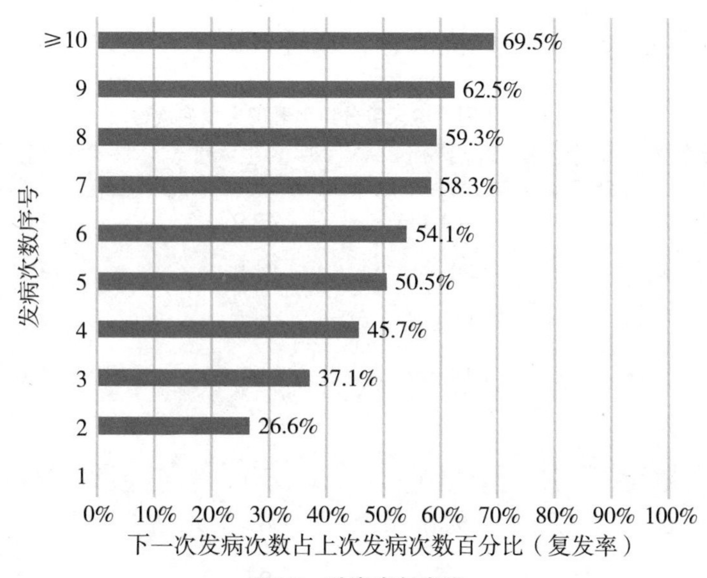

图9.7　乳房炎复发率

按乳房炎发病时的严重程度分组统计乳房炎发病次数及占比，由表9.12可见，乳房炎严重程度分组中，轻度乳房炎发病次数最多，占比57.5%，中度乳房炎发病次数次之，占比33.1%，严重乳房炎发病次数较少，占比9.3%，可见乳房炎多为轻、中度类型，重度较少，因此及早发现和治疗，既能减少奶量过多损失，也能尽快治愈，减轻兽医工作量。

表9.12　不同严重程度乳房炎发病次数与占比

严重性	发病次数（次）	占比（%）
轻	220 640	57.5
中	127 099	33.1
严重	35 713	9.3

按乳房炎发病后治愈天数分组统计乳房炎发病次数及占比，由表9.13可见，乳房炎治愈天数分组中，0～6天治愈牛只占比最多（48.9%），平均治愈天数3.6天，其次是7～14天治愈（31.5%），平均治愈天数9.3天，因此及早发现和治疗，既能减少奶量过多损失，也能尽快治愈，减轻兽医工作量。

表9.13　不同治愈天数分组下乳房炎发病次数

治愈天数分组	发病次数（次）	占比（%）	平均治愈天数（天）
[0，7）	179 306	48.9	3.6
[7，14）	115 612	31.5	9.3
[14，21）	35 595	9.7	16.4
[21，28）	14 522	4.0	23.6
[28，35）	7 622	2.1	30.7
[35，42）	4 176	1.1	37.7
[42，49）	2 806	0.8	44.8
[49，56）	1 905	0.5	51.8

（续表）

治愈天数分组	发病次数（次）	占比（%）	平均治愈天数（天）
[56，63）	1 389	0.4	58.9
[63，70）	987	0.3	66.0
[70，77）	836	0.2	73.0
[77，84）	657	0.2	79.9
[84，91）	513	0.1	87.1
[91，98）	422	0.1	93.9
[98，105）	156	0.0	99.0

2. 乳房炎发病案例

根据查询到患有乳房炎牛只病史，在一牧云的信息查询，个体查询功能中的泌乳曲线标签页，结合周平均奶量泌乳曲线图截取代表性案例牛只，如图9.8所示，用以展示说明不同泌乳阶段患乳房炎对泌乳曲线的负面影响。

如牛只1、牛只2、牛只3均为2胎牛，乳房炎发病分为泌乳前期、泌乳高峰期和泌乳中后期，这3个阶段发病对泌乳曲线（产量）的影响不同。牛只1在泌乳前期患有乳房炎之后，产奶量最高上升到23千克左右，但随后大幅度下降到10千克左右，泌乳高峰期没有出现，泌乳中后期产奶量也没有恢复正常水平，可能是乳房炎早期对乳房损伤较大，尽管后面没有任何疾病和复发，但产奶量极低，奶产量损失巨大；牛只2在泌乳高峰期患乳房炎，使得产后30～60天应该有的泌乳高峰期消失，造成高峰奶量的损失，奶产量损失较大；牛只3在泌乳中后期患有乳房炎，使产后200天以后有一阶段产奶量损失，但损失不大，后期又有回升。

牛只4为头胎牛，感染3次乳房炎，分别是在泌乳前期、高峰期和中期，均对泌乳曲线（产量）带来不利影响，尤其中期感染后，产奶量断崖式下降后很难再回升到原先水平；牛只5为2胎牛，感染4次乳房炎，前3次在泌乳前期、高峰期，对泌乳曲线（产量）影响极大，泌乳前80天奶产量损失巨大，之后有所回升，但在经历第4次乳房炎后，产奶量勉强维持在10～20千克。

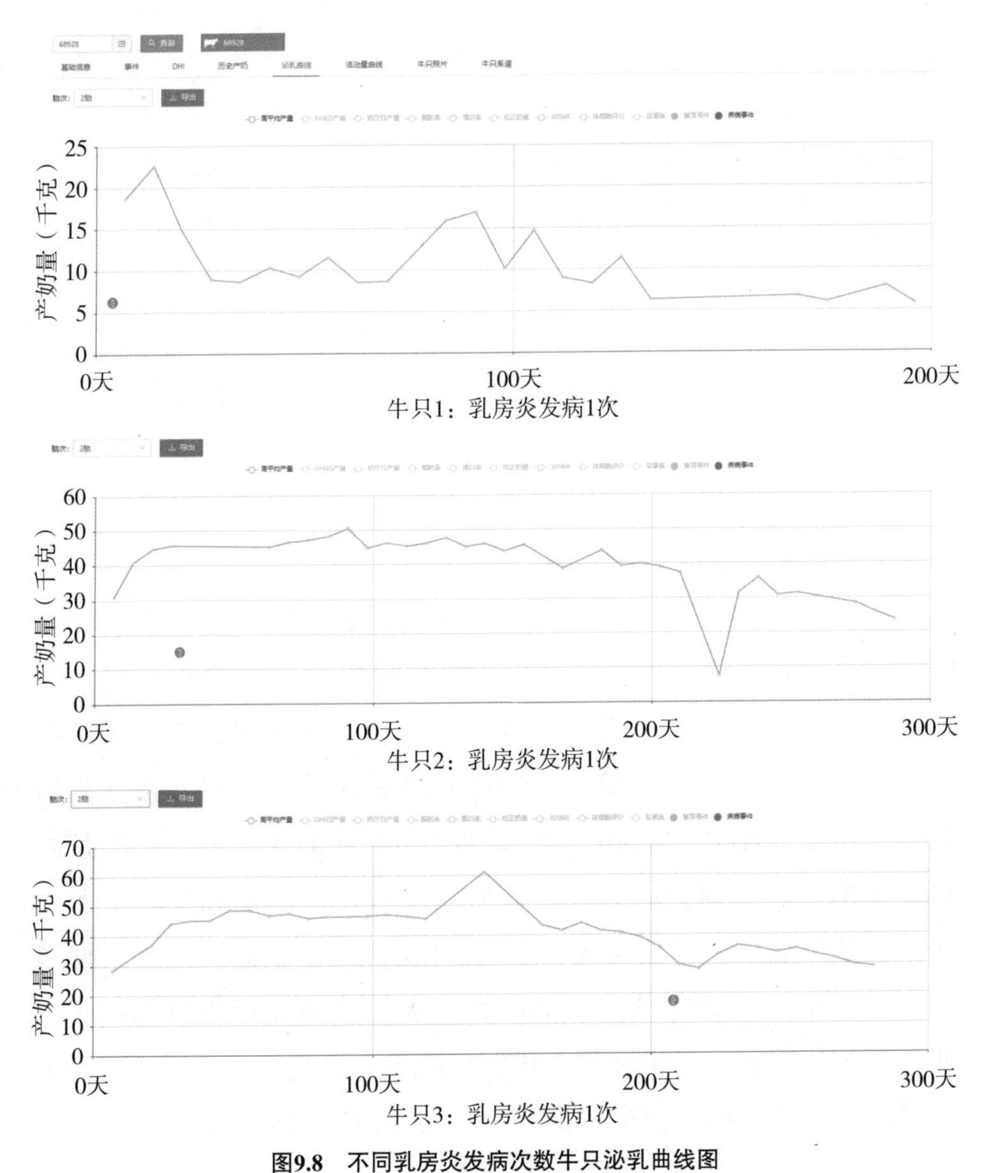

图9.8　不同乳房炎发病次数牛只泌乳曲线图

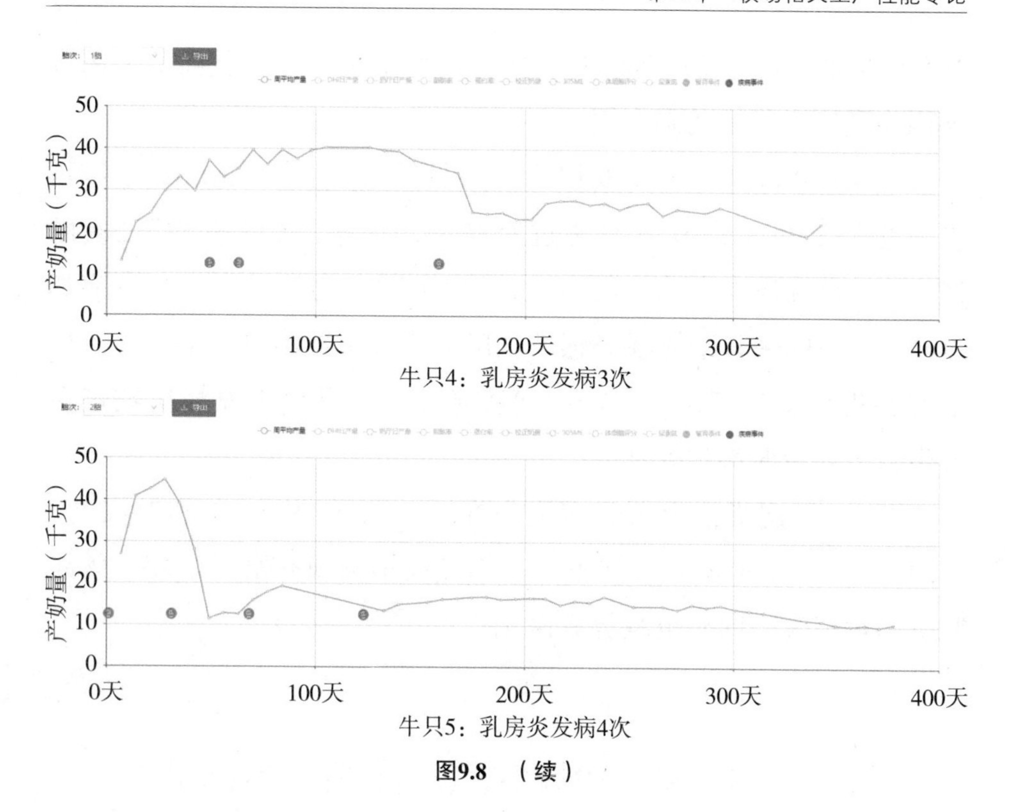

牛只4：乳房炎发病3次

牛只5：乳房炎发病4次

图9.8 （续）

3. 小结

分析成母牛乳房炎发病影响因素，结果发现：

（1）比较不同自然月份发病情况，其中7—9月乳房炎发病次数占比较高，推测主要原因是夏季气温高，降水量大，奶牛受热应激影响并处于卫生条件较差的环境下，更易感染乳房炎。

（2）比较不同乳区的乳房炎发病情况，可见单一乳区感染乳房炎的可能性最大，左前乳区累计发病最多，占比高达27.7%，其次是右前乳区，占比25.3%，不科学的挤奶流程会使乳房更易感染，因此前乳区需要更多观察和护理。

（3）比较乳房炎发病时的产后天数，可见产后14天内（2周）乳房炎发病次数最多，为10.6%，产后0～105天乳房炎发病次数占比43.2%，因此产后14天内需重点关注乳房健康情况，产后

105天内加强乳房炎预防控制工作，避免泌乳牛在泌乳前期、高峰期因患乳房炎带来的降产损失。

（4）分析乳房炎复发规律，可见第1次发病后26.6%牛会再次发生乳房炎（即复发率超过25%），而第3次发病占第2次的37.1%，当乳房炎发病次数达5次及以上时，奶牛乳房炎复发率超过50%，说明牛只个体频繁感染乳房炎，大多数难以根治，一半以上都会再次感染，这一点需引起牧场注意，乳房炎发病次数过多的牛只，应及时淘汰处理。

（5）乳房炎治愈天数多集中在0～6天（48.9%）和7～13天（31.5%），治愈所需时间不长，因此及早发现并给予治疗，既能减少奶量损失，同时也减轻兽医工作量。

专题三：牛群增长率和繁殖、死淘指标间的关系

牛群增长受许多因素影响，如繁殖管理、死淘决策、购入牛只、出售牛只等，对于一个稳定运营的牧场来说，繁殖率高，后备牛、成母牛死淘率低，意味着牛群规模增长；但如果繁殖率高，后备牛、成母牛死淘率也高，牛群规模可能负增长，也可能正增长。因此，牛群规模增长率受哪些因素影响较大，需要对繁殖和死淘指标与牛群增长率之间的关系进行量化分析和探索。

本专题主要分析了牛群增长率与繁殖、死淘指标间的关系，对一牧云系统内牧场牛群增长率与繁殖、死淘指标进行关联统计分析，以便探寻繁殖指标及死淘指标与牛群增长率之间的关联关系，更有效地为牛场的生产管理提供指导。

1. 牛群增长率

数据来源：2021年度、2022年度使用一牧云超过2年，无大批量牛只出售的，非集团单体牧场，共101个牧场，指标包括关键生产性能指标内繁殖与死淘指标。全群牛头数来自年度指标，转入、转出牛只来自2022年转场记录，死淘牛只来自2021年、2022年死淘记录。

$$牛群增长率=\frac{2022年底存栏-2021年底存栏}{2021年底存栏}$$，只统计母牛

2022年底存栏=2022年全群牛头数-2022年转入（外购）牛头数

其中转入（外购）牛头数不包含死淘，因为全群牛头数已经除去死淘牛。

2022年度与2021年度繁殖和死淘指标增长值=
2022年度该指标值-2021年度该指标值

根据牛群增长率0%、10%作为划分标准进行分组，对牛群增长率进行分布统计并作图，根据表9.14、图9.9可见，2022年101个牧场牛群增长率整体平均为正增长（6.3%），其中牛群增长率大于等于0%的牧场数量较负增长的多。[-100%，0%）分组下牛群增长率平均值为-10.9%，标准差较大，为15.2%；[0%，10%）分组下牛群增长率平均值为4.0%，标准差较小，为2.8%；≥10%分组下牛群增长率平均值为19.0%，标准差为10.9%。

表9.14　不同牛群增长率分组下描述性统计

分组	牧场数（个）	平均值（%）	标准差（%）	最小值（%）	最大值（%）
[-100%，0%）	24	-10.9	15.2	-66.2	-0.1
[0%，10%）	38	4.0	2.8	0.0	9.5
≥10%	39	19.0	10.9	10.2	56.4
合计	101	6.3	15.4	-66.2	56.4

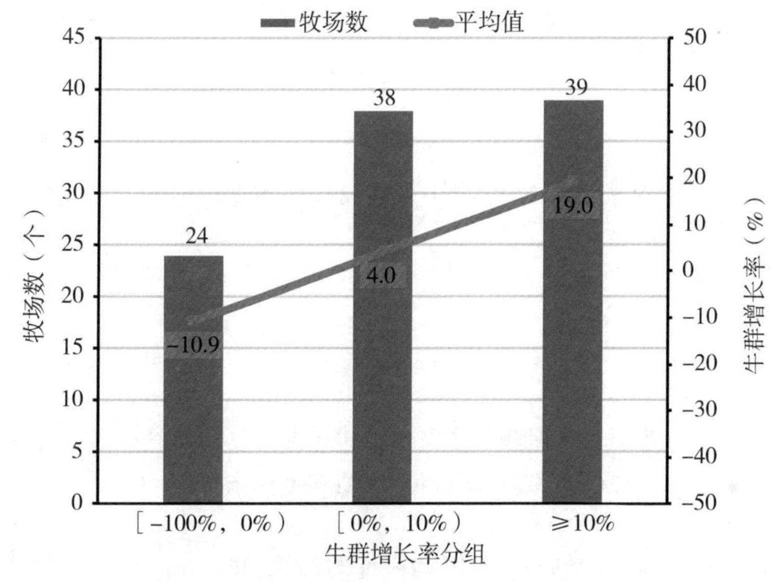

图9.9　不同牛群增长率分组下平均值与牧场数

2. 成母牛繁殖、死淘指标与牛群增长率间的关系

根据60多个牧场2022年牛群增长率与前一年度2021年成母牛繁殖相关指标：21天怀孕率（66个牧场）、21天配种率（69个牧场）与受胎率（69个牧场）做散点图并进行线性回归，结果如图9.10所示。可见，牛群增长率与繁殖指标趋势线简单线性回归方程的回归系数均为正值，随着成母牛2021年度繁殖率的上升，牛群增长率呈现上升趋势。

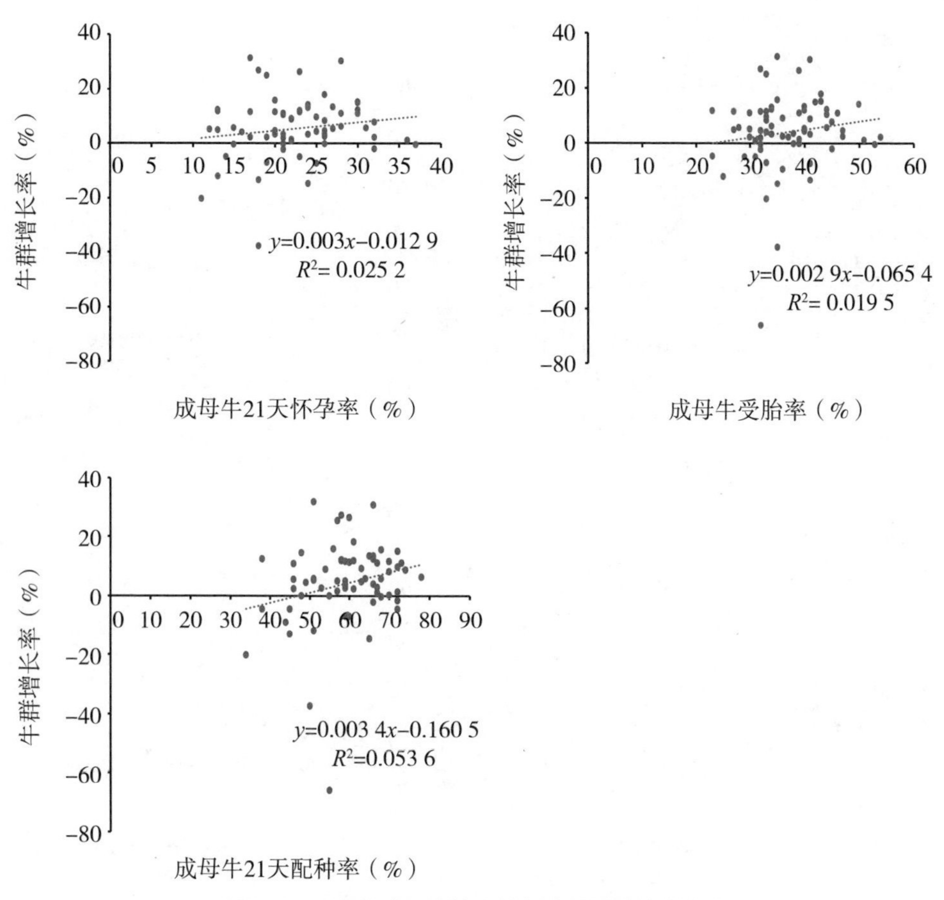

图9.10　2021年成母牛繁殖率与牛群增长率散点图

根据2022年95个牧场牛群增长率与死淘相关指标做散点图，结果如图9.11所示。可见，牛群增长率与成母牛死淘率、淘汰率、死亡率简单线性回归方程的回归系数均为负值，尤其成母牛死淘率和淘汰率对牛群增长率影响更大（R^2>22%，P<0.001）。随着成母牛死淘率、淘汰率的增加，牛群增长率呈现下降趋势，成母牛死淘率每增长1个百分点，牛群增长率下降0.8个百分点；成母牛淘汰率每增长1个百分点，牛群增长率下降0.69个百分点。但成母牛主动淘汰占比对牛群增长率的影响不明显，趋势线基本与x轴平行。

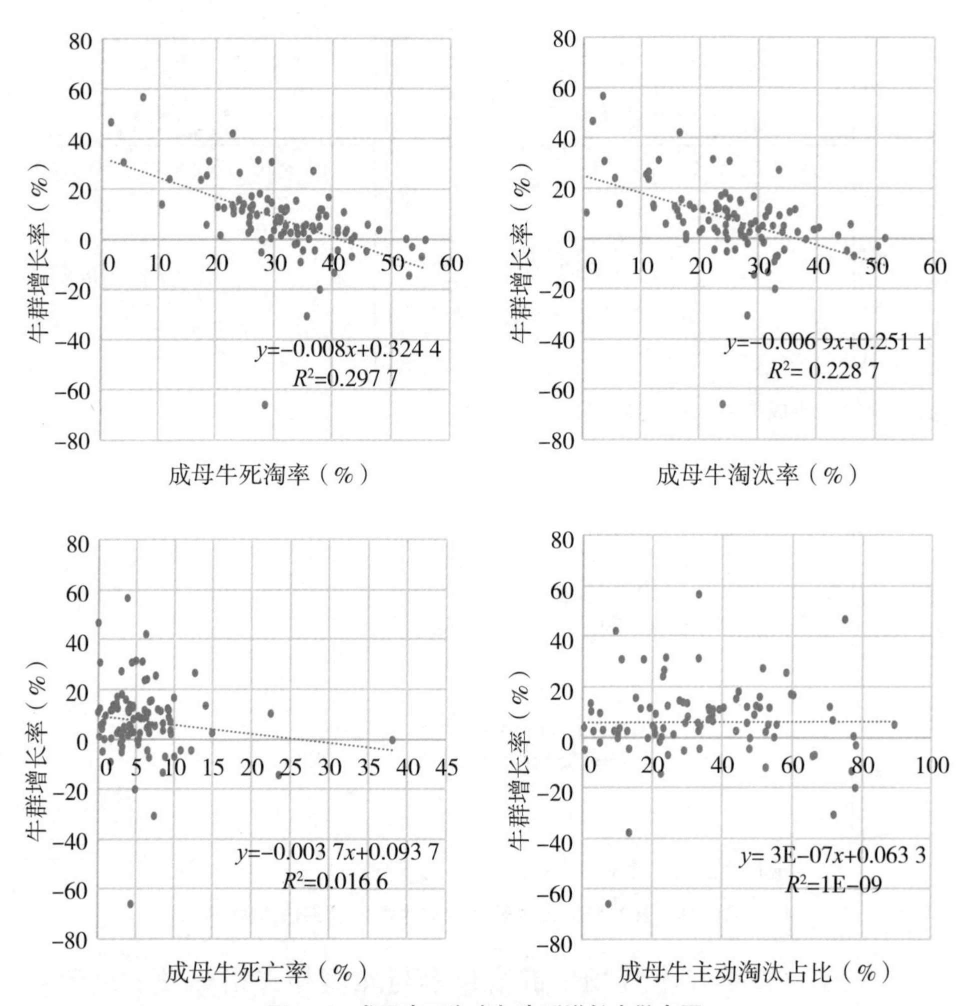

图9.11　成母牛死淘率与牛群增长率散点图

对不同牛群增长率分组下成母牛繁殖率、死淘率进行描述性统计。由表9.15可见，牛群增长率大于等于0%的牧场2021年成母牛21天怀孕率、21天配种率、受胎率较牛群增长率为负的牧场高。

牛群增长率大于等于0%的牧场2022年成母牛死淘率、死亡率、淘汰率较牛群增长率为负的牧场低，尤其牛群增长率≥10%的分组中，成母牛死淘率最低，成母牛死淘率较另外两个分组分别低15个百分点、8个百分点，由此可见，成母牛死淘率对牛群增长率的影响更大。

表9.15 不同牛群增长率分组下成母牛2021年繁殖率、2022年死淘率描述性统计

指标	分组	平均值（%）	标准偏差（%）	最小值（%）	最大值（%）	牧场数（个）
成母牛怀孕率	[-100%，0%）	21.1	7.1	11.0	37.0	15
	[0%，10%）	23.3	5.8	12.0	36.0	28
	≥10%	22.8	5.3	13.0	30.0	23
成母牛配种率	[-100%，0%）	55.4	11.8	34.0	72.0	18
	[0%，10%）	60.8	8.4	46.0	78.0	28
	≥10%	60.2	8.5	38.0	73.0	23
成母牛受胎率	[-100%，0%）	35.2	7.1	23.0	53.0	18
	[0%，10%）	37.4	6.9	27.0	54.0	28
	≥10%	37.3	6.5	23.0	50.0	23
成母牛死淘率	[-100%，0%）	40.6	8.9	27.9	55.8	22
	[0%，10%）	33.7	6.9	18.5	48.0	34
	≥10%	25.1	9.2	1.6	42.0	39
成母牛死亡率	[-100%，0%）	7.9	8.4	0.7	38.1	22
	[0%，10%）	5.2	3.3	0.2	14.9	34
	≥10%	5.5	4.3	0.0	22.5	39
成母牛淘汰率	[-100%，0%）	32.6	8.9	17.7	51.7	22
	[0%，10%）	28.5	7.8	14.3	45.8	34
	≥10%	19.6	9.7	0.6	36.4	39
成母牛主动淘汰占比	[-100%，0%）	37.7	26.0	0.7	78.2	23
	[0%，10%）	32.3	22.2	0.6	89.3	31
	≥10%	35.7	18.4	2.5	75.0	35

根据2022年牧场牛群增长率与成母牛繁殖率、死淘率增长值（2022年与2021年差值）做散点图，结果如图9.12所示。可见，牛群增长率与成母牛21天怀孕率、21天配种率、受胎率增长值简

单线性回归方程的回归系数均为正值，可见，随着成母牛2022年度繁殖率的上升，牛群增长率呈现上升趋势。但牛群增长率与成母牛死淘率简单线性回归方程的回归系数均为负值，这也说明成母牛死淘增加，牛群规模减小。

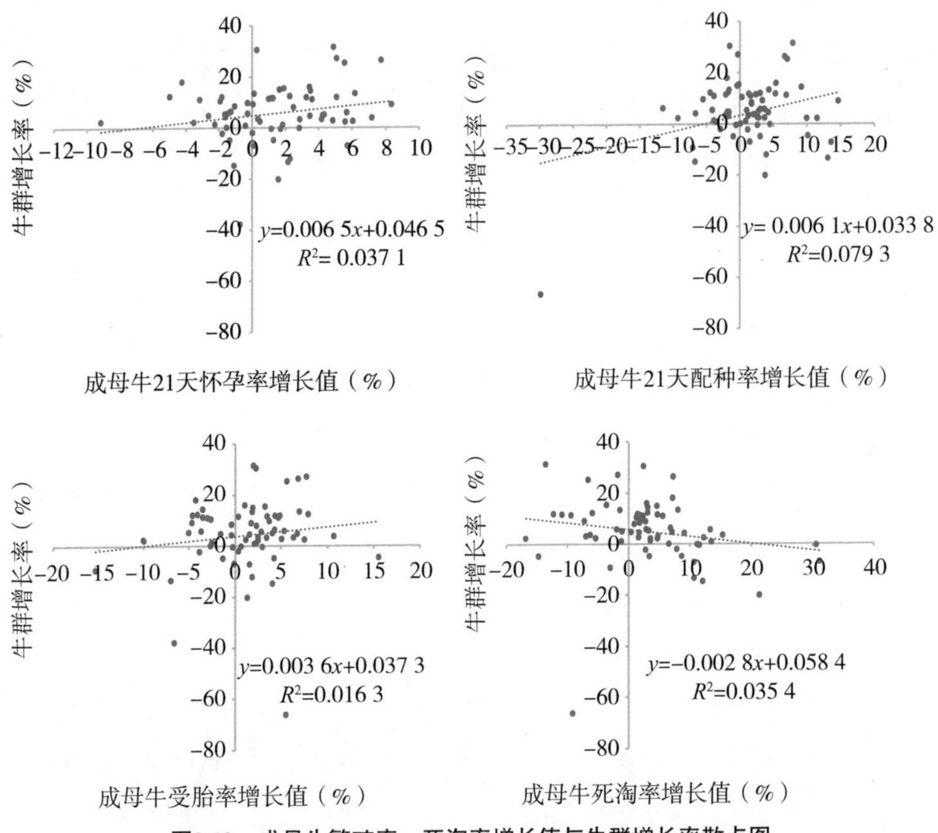

图9.12　成母牛繁殖率、死淘率增长值与牛群增长率散点图

3. 后备牛繁殖、死淘指标与牛群增长率间的关系

根据60多个牧场2022年牛群增长率与前一年度2021年后备牛繁殖相关指标做散点图，结果如图9.13所示。可见，牛群增长率与后备牛繁殖指标21天怀孕率、配种率趋势线基本与x轴平行，说明牛群增长率受2021年成母牛繁殖指标21天怀孕率、21天配种率的影响不明显。牛群增长率与2021年后备牛受胎率简单线性回归方

程的回归系数均为正值，可见，随着后备牛受胎率的增加，牛群增长率呈现上升趋势。

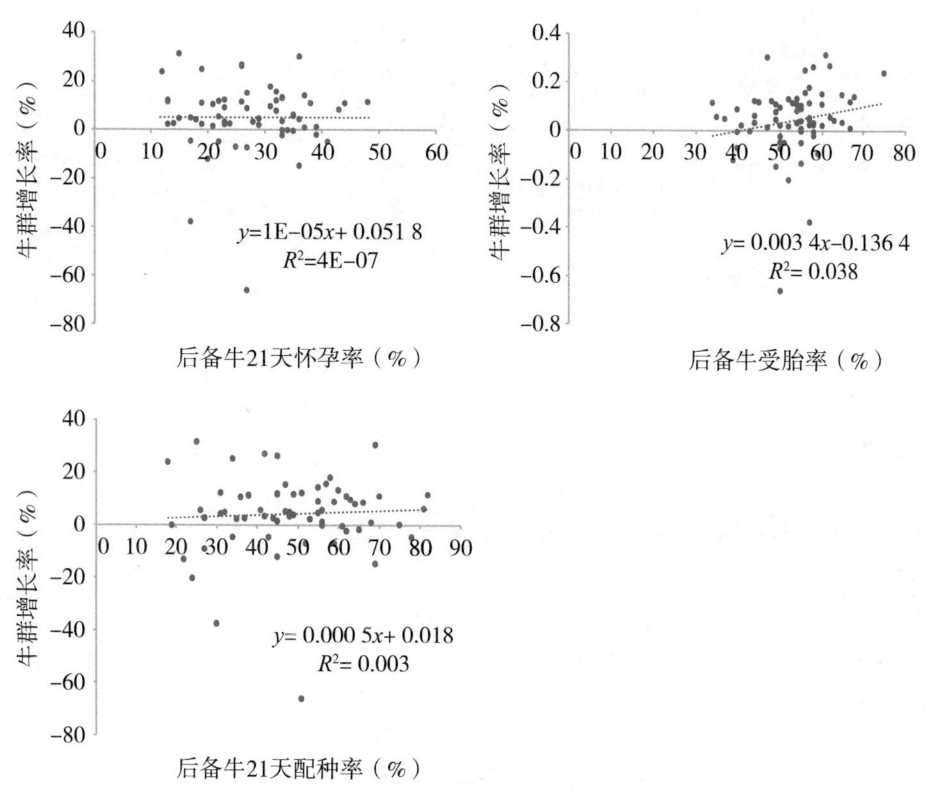

图9.13　2021年后备牛繁殖率与牛群增长率散点图

根据2022年94个牧场牛群增长率与后备牛死淘相关指标做散点图，结果如图9.14所示。可见，牛群增长率与后备牛死淘率、淘汰率、死亡率简单线性回归方程的回归系数均为负值，尤其后备牛死淘率和淘汰率对牛群增长率影响更大（R^2>17%，P<0.001）。可见，随着后备牛死淘率、淘汰率的增加，牛群增长率呈现下降趋势，后备牛死淘率每增长1个百分点，牛群增长率下降0.55个百分点，后备牛淘汰率每增长1个百分点，牛群增长率下降0.7个百分点。

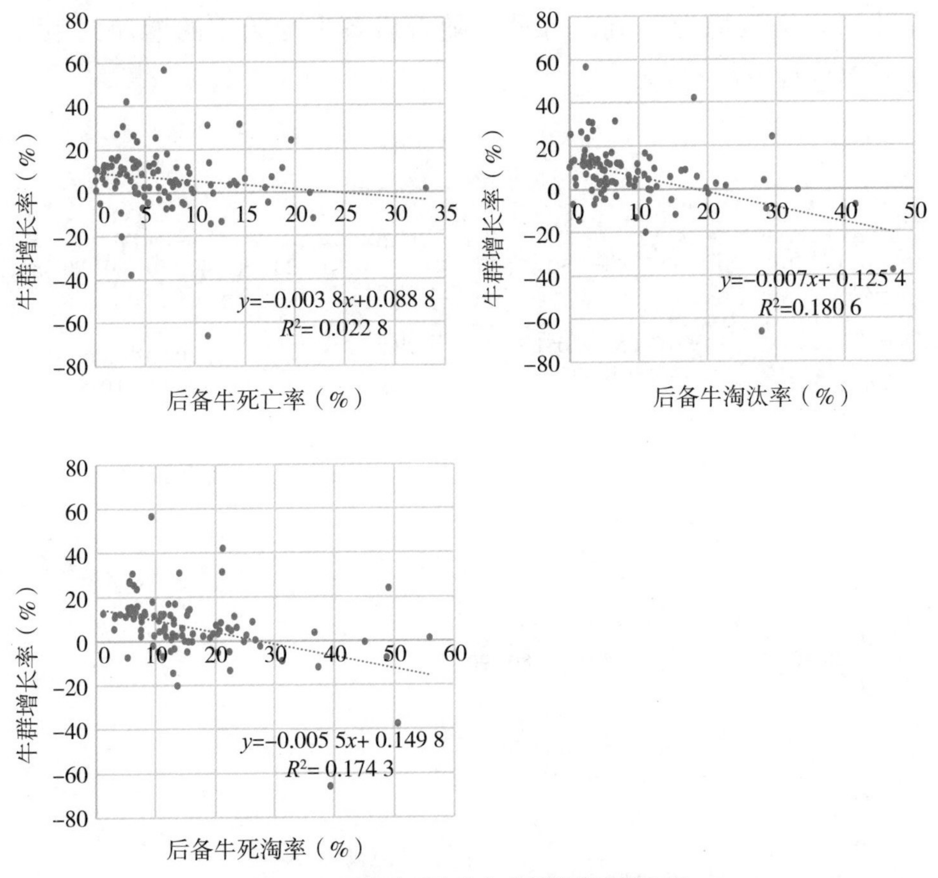

图9.14　后备牛死淘率与牛群增长率散点图

由表9.16可见，2022年不同牛群增长率分组下，牛群增长率≥0%的牧场2021年后备牛受胎率较牛群增长率为负的牧场高，但牛群增长率≥0%的牧场2021年21天怀孕率较牛群增长率为负的牧场低，不同牛群增长率分组21天配种率相当。

牛群增长率≥0%的牧场后备牛死淘率、死亡率、淘汰率较牛群增长率为负的牧场低，尤其牛群增长率≥10%的分组中，后备牛死淘率最低，后备牛死淘率较另外两个分组分别低12个百分点、7个百分点，由此可见，后备牛死淘率对牛群增长率的影响也较大。

表9.16　不同牛群增长率分组下后备牛2021年繁殖率、2022年死淘率描述性统计

指标	分组	平均值(%)	标准偏差(%)	最小值(%)	最大值(%)	牧场数(个)
后备牛怀孕率	[-100%，0%)	29.0	8.0	17.0	41.0	14
	[0%，10%)	26.5	8.2	13.0	43.0	26
	≥10%	27.2	9.9	12.0	48.0	23
后备牛配种率	[-100%，0%)	48.4	18.8	19.0	78.0	18
	[0%，10%)	48.3	13.8	26.0	81.0	27
	≥10%	48.6	15.3	18.0	82.0	23
后备牛受胎率	[-100%，0%)	50.6	6.4	39.0	59.0	18
	[0%，10%)	52.4	8.4	35.0	67.0	27
	≥10%	55.7	8.8	34.0	75.0	24
后备牛死淘率	[-100%，0%)	22.7	13.3	5.3	50.7	23
	[0%，10%)	17.4	9.7	3.0	55.9	34
	≥10%	10.5	8.3	1.3	49.1	37
后备牛死亡率	[-100%，0%)	8.6	5.7	0.5	21.9	23
	[0%，10%)	7.7	6.7	0.0	33.2	34
	≥10%	5.3	4.7	0.0	19.7	37
后备牛淘汰率	[-100%，0%)	14.1	13.1	0.6	47.0	23
	[0%，10%)	9.7	6.7	0.9	28.3	34
	≥10%	5.2	5.5	0.0	29.5	37

根据2022年牧场牛群增长率与后备牛繁殖率、死淘率增长值（2022年与2021年差值）做散点图，结果如图9.15所示。可见，牛群增长率与后备牛21天怀孕率、21天配种率增长值简单线性回归方程的回归系数均为正值，因此随着后备牛2022年度繁殖率的上升，牛群增长率呈现上升趋势。但牛群增长率与后备牛死淘率简单线性回归方程的回归系数均为负值，后备牛死淘增加，牛群规模也减小。

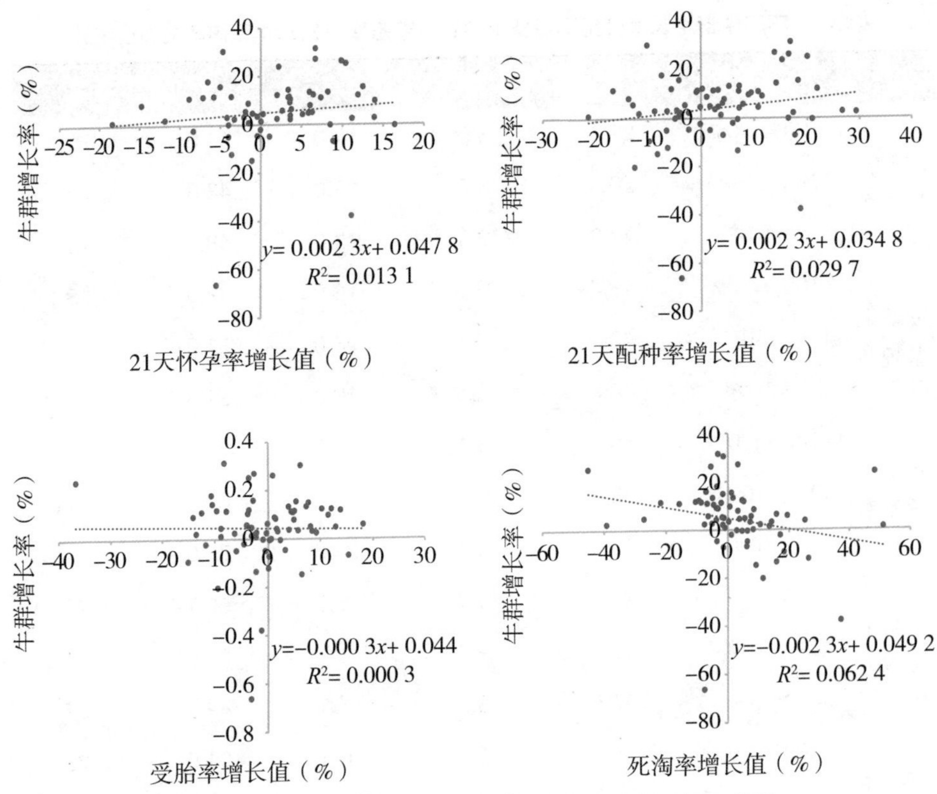

图9.15　后备牛繁殖率、死淘率增长值与牛群增长率散点图

4. 小结

分析繁殖率、死淘率指标与牛群增长率之间的关系，结果发现：

（1）当年的繁殖指标对当年的牛群增长率无影响，前一年度成母牛21天怀孕率、21天配种率、受胎率与牛群增长率呈正相关（但不显著）；成母牛死淘率、淘汰率对牛群增长率影响显著，随着2022年成母牛死淘率和淘汰率增加，牛群增长率下降。

（2）前一年度内的后备牛21天怀孕率、21天配种率对牛群增长率没有明显影响，后备牛受胎率与牛群增长率影响呈正相关（但不显著）；后备牛死淘率、淘汰率对牛群增长率影响显著，随着2022年后备牛死淘率和淘汰率增加，牛群增长率下降。

（3）此外，成母牛和后备牛繁殖率、死淘率增长值（2022年与2021年差值）与牛群增长率影响呈正相关（但不显著），随着成母牛与后备牛2022年度繁殖率的上升，牛群增长率呈现上升趋势，而随着成母牛和后备牛死淘率增加，牛群增长率呈现下降趋势。

专题四：系谱追溯情况简要分析

2023年中央一号文件中提出“深入实施种业振兴行动。完成全国农业种质资源普查。构建开放协作、共享应用的种质资源精准鉴定评价机制。全面实施生物育种重大项目，扎实推进国家育种联合攻关和畜禽遗传改良计划”，可见，种业越来越受到国家的重视。对于奶牛来说，育种的基础性工作，包括生产性能测定、牛只基础信息收集、繁殖与健康性状数据收集、基因组测序等，其中牛只基础信息里有系谱记录，系谱就是一个个体的父亲、母亲及其祖先的编号，作为一头种畜或候选种畜，要有尽可能完整、准确的系谱记录，这样才能运用遗传评估模型对种畜和牛只个体进行指定性状的育种值估计。

本专题为统计牧场奶牛个体可追溯代数及完整性，对一牧云系统内牧场牛只个体系谱进行追溯，追溯至当前个体、父母、祖父母、外祖父母这三代，并对不同完整性的系谱追溯结果进行统计分析，从而方便大家对国内牧场系谱可追溯代数和完整性有所参考。

1. 代次系谱完整性追溯结果统计

数据来源：一牧云系统内468个牧场中截至2022年10月31日前出生的所有母牛个体系谱数据，共计2 176 264条，国外种公牛（865 347头）、母牛（594 537）系谱数据来自加拿大CDN（加拿大奶牛工作网）。

通过对牧场奶牛个体父亲号规范化后，匹配国外种公牛系谱，对奶牛个体母亲号进行系统内数据追溯，得到个体、父亲、母亲三列标准系谱格式，利用R语言进行三代追溯，最终得到当前个体、父母、祖父母、外祖父母三代系谱追溯结果（剔除公牛个体系谱），匹配可分析的牧场，共计得到284个牧场1 504 708条用于统计分析。

系谱完整性计算公式如下。

$$有父亲的占比（\%）= \frac{有父亲个体（含父母双全）}{所有个体} \times 100$$

$$有母亲的占比（\%）= \frac{有母亲个体（含父母双全）}{所有个体} \times 100$$

$$父母双全的占比（\%）= \frac{有父母亲个体}{所有个体} \times 100$$

$$有祖父的占比（\%）= \frac{有祖父个体（含祖父母双全）}{所有个体} \times 100$$

$$有祖母的占比（\%）= \frac{有祖母个体（含祖父母双全）}{所有个体} \times 100$$

$$祖父母双全的占比（\%）=\frac{有祖父母个体}{所有个体}\times 100$$

$$有外祖父的占比（\%）=\frac{有外祖父个体（含外祖父母双全）}{所有个体}\times 100$$

$$有外祖母的占比（\%）=\frac{有外祖母个体（含外祖父母双全）}{所有个体}\times 100$$

$$外祖父母双全的占比（\%）=\frac{有外祖父母个体}{所有个体}\times 100$$

以牧场为单位，按以上算法对其系谱完整性进行分布统计，结果如图9.16所示，可见统计牧场中系谱完整性情况，个体母亲完整性>父亲完整性>父母双全完整性，其中牧场个体母亲完整性占比多在40%～90%，个体父亲完整性占比多在30%～60%，父母双全占比多在30%～60%。可见，个体父母系谱完整性更多取决于个体父亲的完整性。

同样，由图9.17可见祖父完整性、祖母完整性、祖父母完整性占比直方图完全一致，说明个体父亲只要记录正确，向上追溯祖父母都是“双全”的，这也说明牧场个体父亲的公牛号（冻精号、注册号）录入准确。通过国外公牛系谱，基本可以100%追溯到祖父母，也说明国外公牛记录数据库的完整与规范；而外祖父、母方面，牧场个体外祖父完整性占比多在0%～20%，外祖父完整性占比70%以上牧场基本没有，个体外祖母完整性占比多在0%～30%，外祖母完整性占比70%～80%仍有牧场分布，外祖父母双全占比多在0%～20%，可以看出，个体外祖父母系谱完整性更多取决于个体外祖父的完整性。

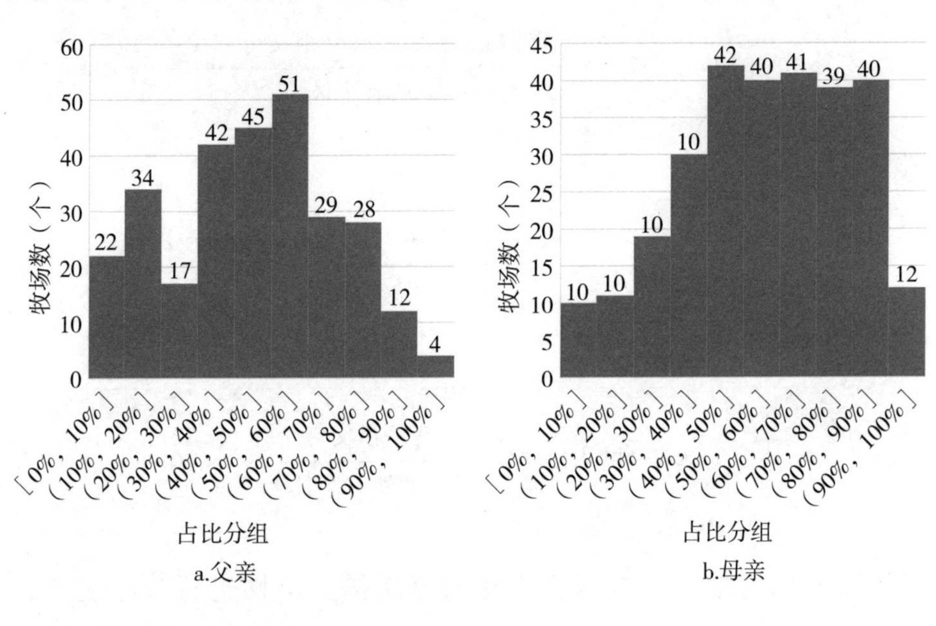

a.父亲　　b.母亲

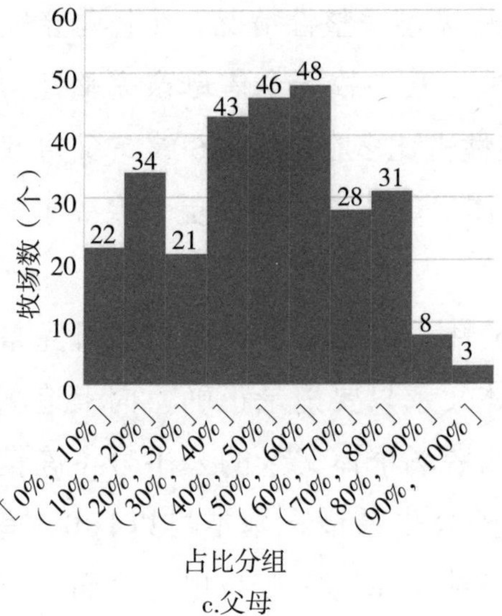

c.父母

图9.16　个体父母完整性分布直方图

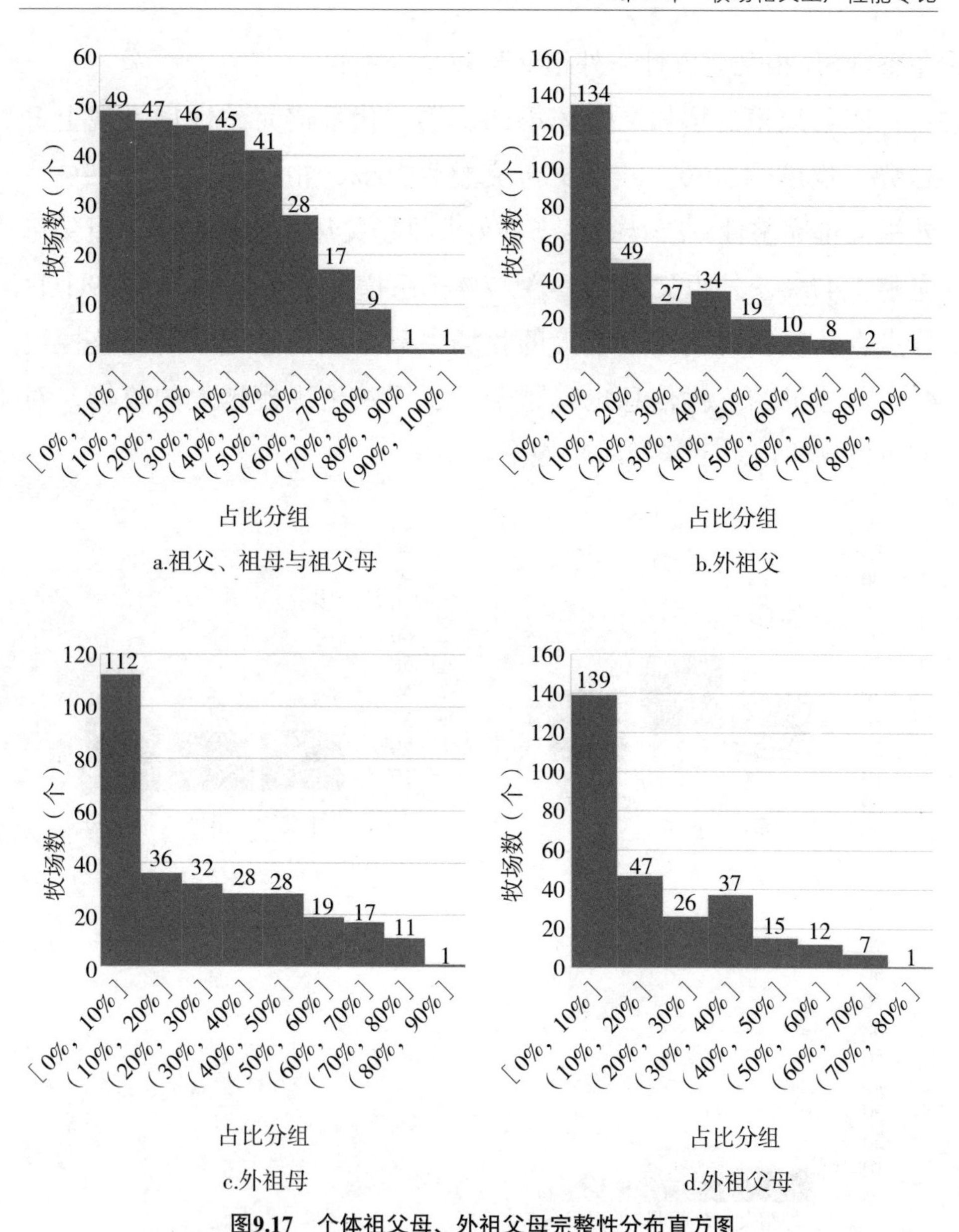

a.祖父、祖母与祖父母　b.外祖父

c.外祖母　d.外祖父母

图9.17　个体祖父母、外祖父母完整性分布直方图

2. 不同规模牧场系谱完整性对比

根据牧场规模对系谱完整性进行对比，结果如图9.18所示，可见不同规模牧场仍然有着母亲完整性>父亲完整性>父母双全完整性的趋势；祖父、祖母、祖父母双全的系谱完整性一样；外祖母完整性>外祖父完整性≥外祖父母双全完整性。

随着规模的增加，个体第二、第三代系谱完整性也呈现上升趋势，规模<1 000头牧场父母完整性30%，祖父母完整性19%，外祖父母完整性8%，规模≥5 000头牧场父母完整性59%，祖父母完整性47%，外祖父母完整性27%，系谱完整性增加21～29个百分点，从侧面说明规模越大的牧场牛只基础信息记录的完整性更好，可追溯的三代信息也就越全，也反映出规模越大的牧场，对牛只信息的记录工作相对越规范。

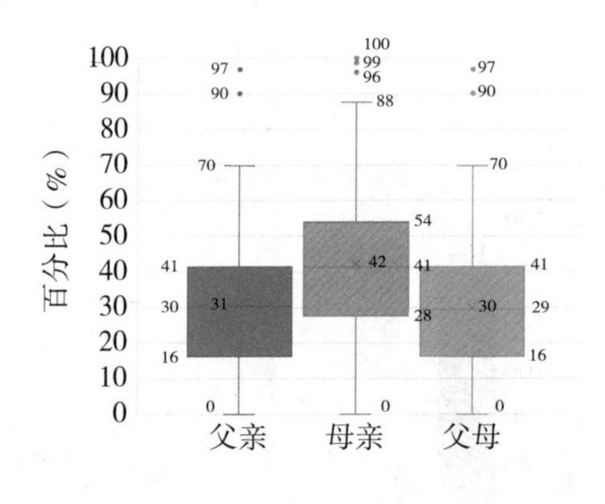

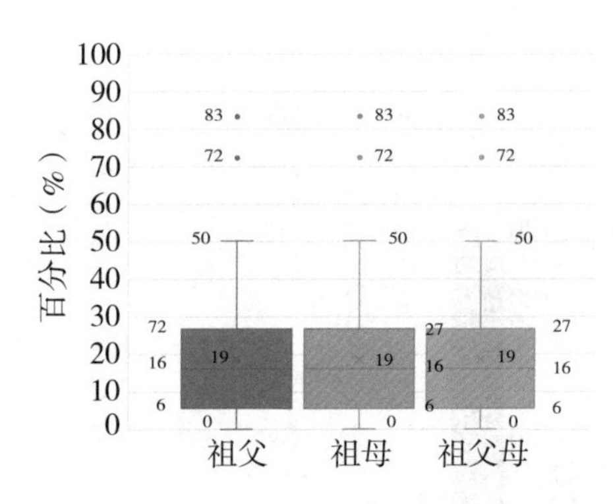

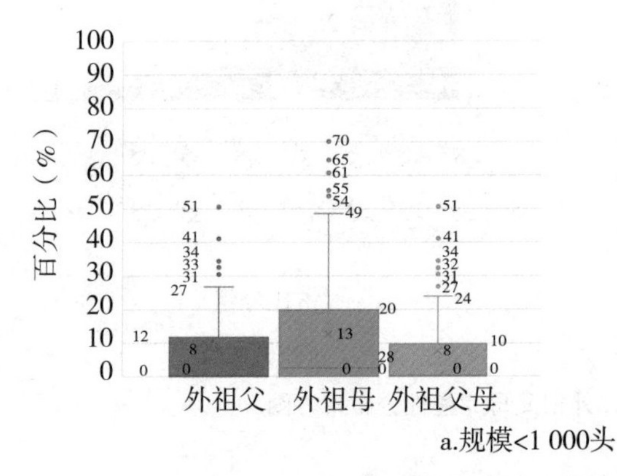

a.规模<1 000头

图9.18　不同规模牧场第二、第三代系谱完整性统计箱线图

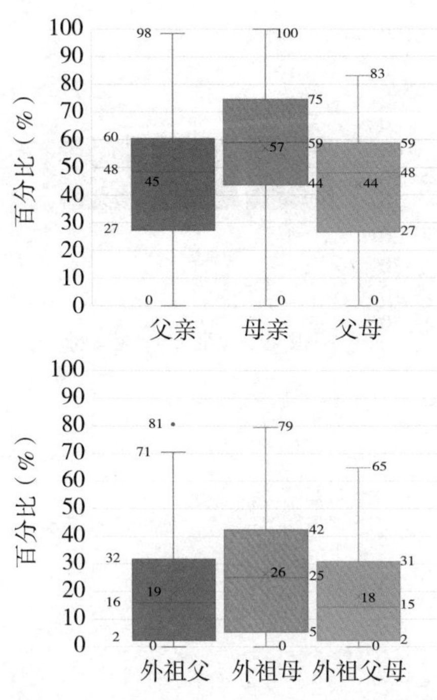

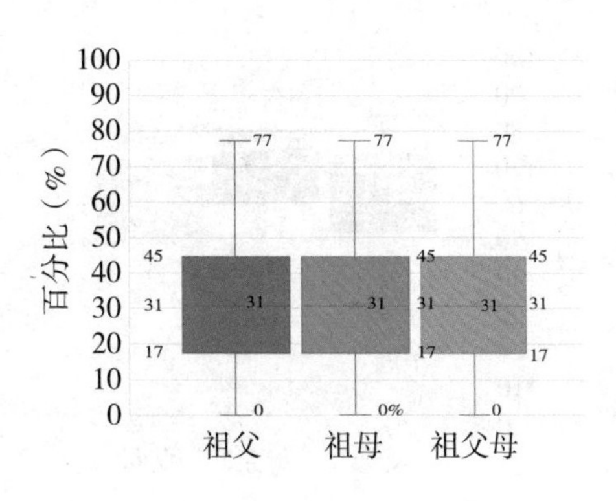

b.规模1 000 ~ 1 999头

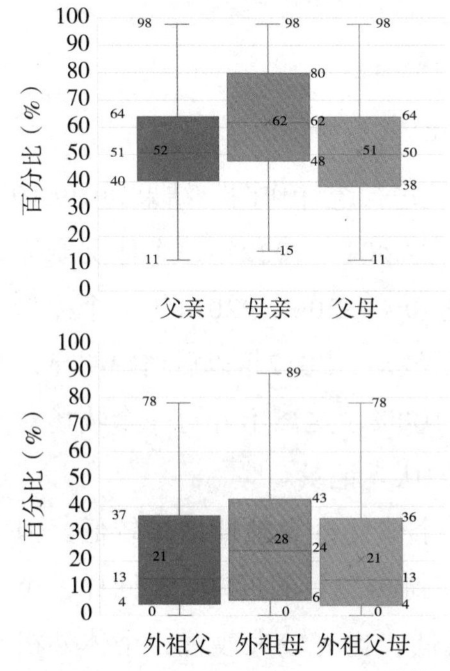

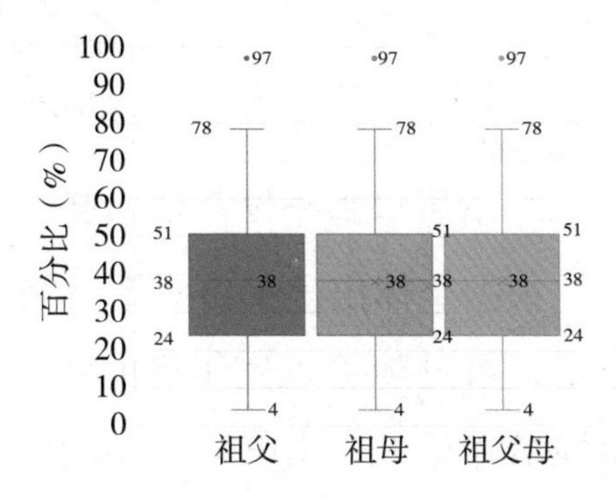

c.规模2 000 ~ 4 999头

图9.18　（续）

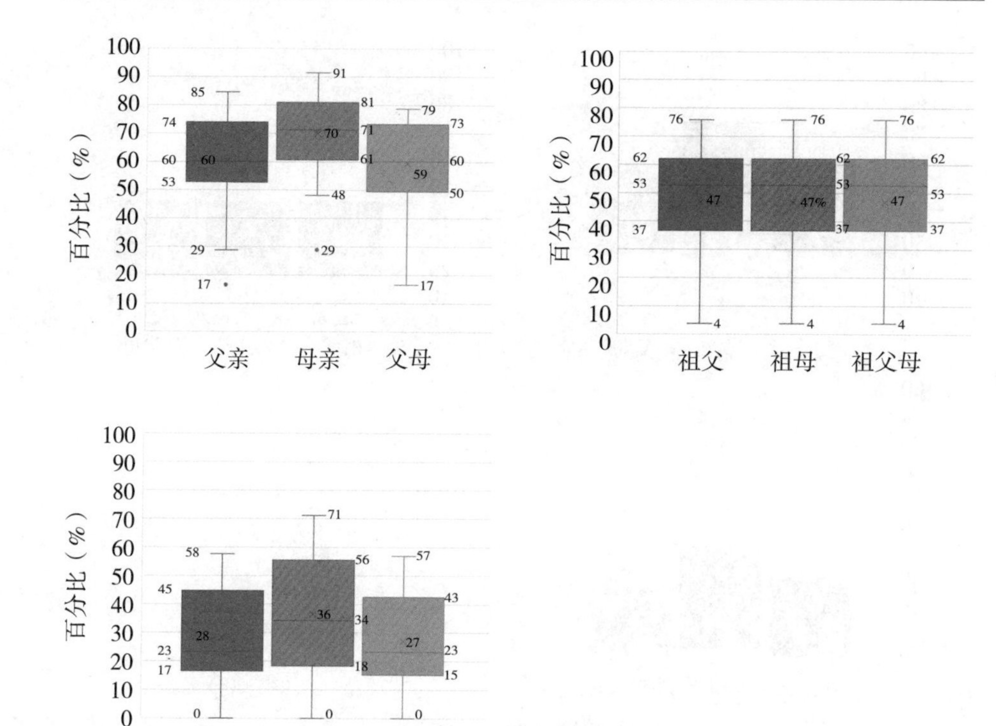

d.规模5 000头及以上

图9.18　（续）

3. 不同出生年份系谱完整性对比

根据个体出生年份对系谱完整性进行统计作图，结果如图9.19所示，可见随着出生年份的变化，从2001—2022年，个体父亲完整性增幅最大，由0%～10%增长到90%。2001—2011年，个体母亲完整性基本保持不变，在50%上下波动，2012年以后增幅明显，截至2022年个体母亲完整性几乎为100%，这离不开每一个牧场对系谱的重视和每一位牧场工作人员的认真记录。

个体祖父母完整性增幅相较于个体父母完整性增幅较低，但仍有较大改善，从2001年的0%增长到2022年的近70%；同样，个体外祖父母完整性增幅虽然相对较低，也有较大改善，个体外祖父完整性从2001年的0%增长到2022年的50%，个体外祖母完整性从2001年的10%左右增长到2022年的60%。

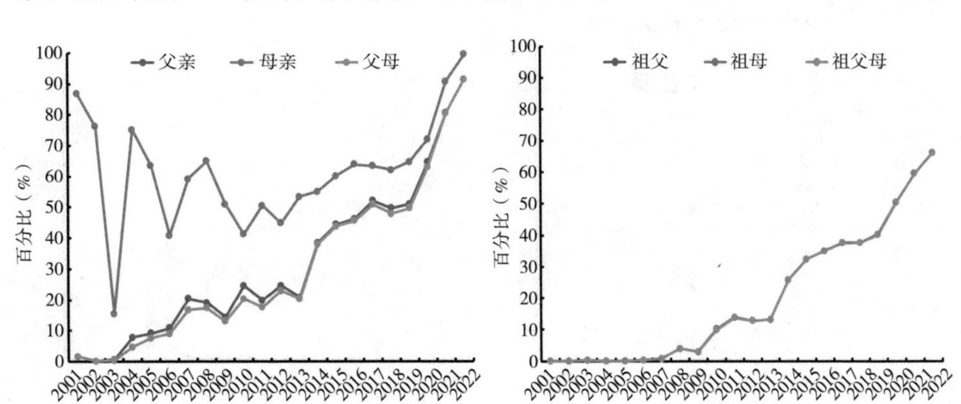

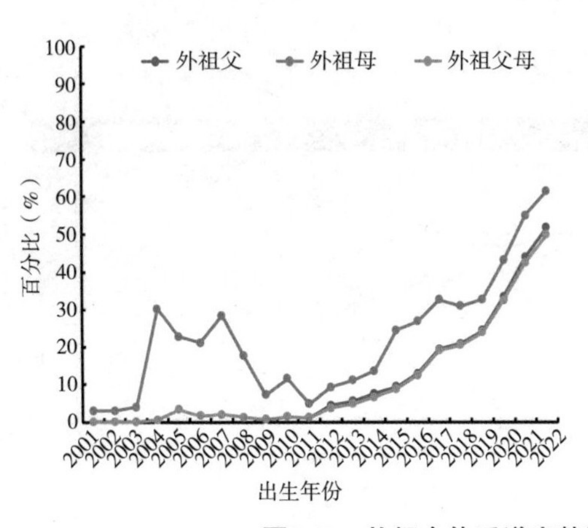

图9.19　牧场个体系谱完整性随出生年份变化趋势图

4. 个体系谱完整性案例

选取一牧云系统内演示牧场两头具有代表性牛只系谱图，由图9.20可见，a图中牛只系谱可追溯父母、祖父母、外祖父母，而b图中牛只系谱无父母信息，祖父母、外祖父母也就更不可能追溯。因此，个体三代系谱完整性重点在于父母信息的完整性。

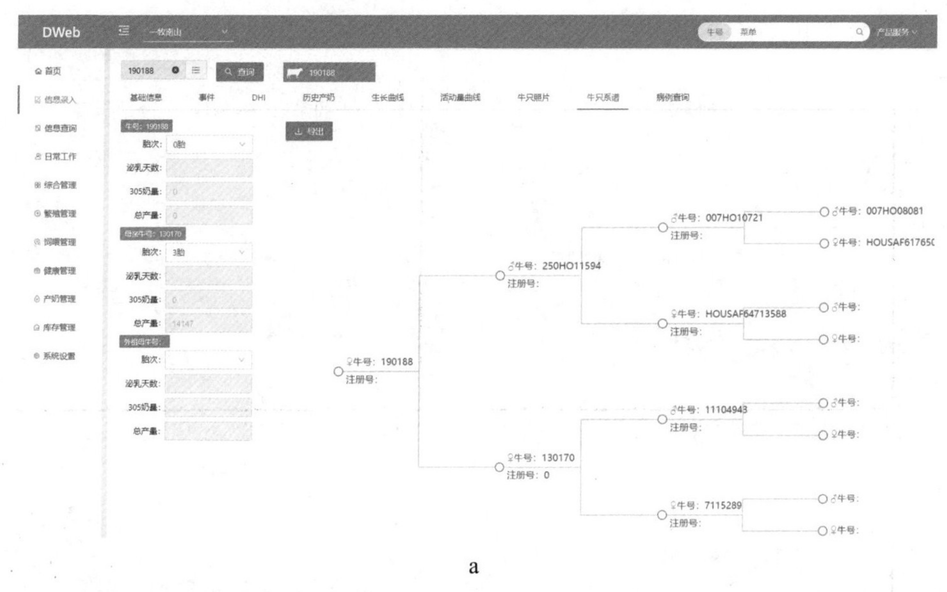

a

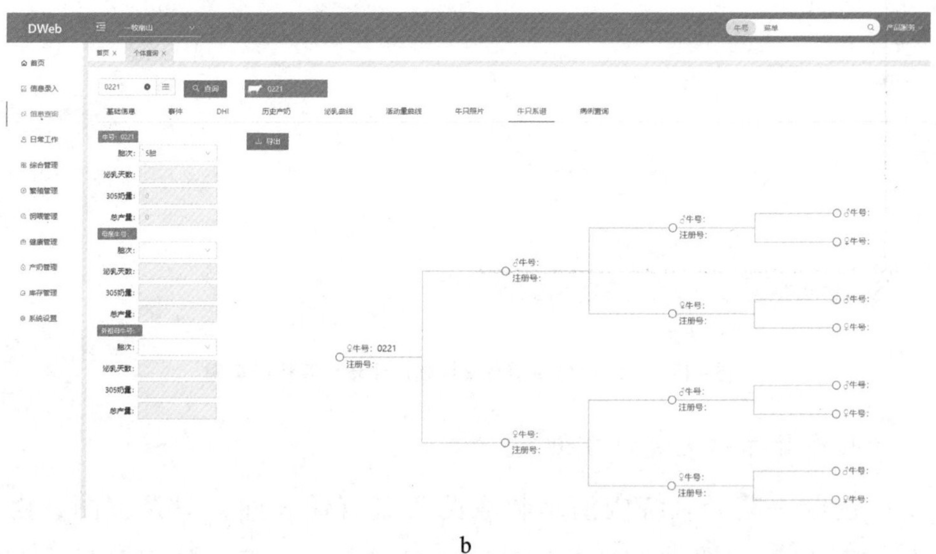

b

图9.20　一牧云系统内演示牧场两头具有代表性牛只系谱图

5. 小结

统计牧场奶牛个体可追溯代数及完整性，结果发现：

（1）个体母亲完整性（56.0%）>父亲完整性（44.7%）>父母双全完整性（43.9%），个体父母系谱完整性更多取决于个体父亲的完整性。

（2）规模越大的牧场牛只基础信息记录的完整性相对更好，可追溯的三代信息也就越全。

（3）随着个体出生年份的变化，从2001年到2022年，个体父亲完整性增幅最大，由0%～10%增长到90%，个体母亲完整性由50%左右增长到2022年的将近100%。

（4）个体三代系谱完整性取决于个体父母信息完整性。

（5）持续应用牛群管理软件并按公牛命名规范配种记录，有助于持续提升牧场系谱的完整性。

完整的系谱记录有助于更科学地评估牛群，且较好的系谱完整性对于未来的奶牛育种工作将发挥重要的作用。

不同规模牧场个体系谱完整性见表9.17至表9.25。

表9.17　不同规模牧场个体有父亲完整性

牧场规模（头）	牧场数（个）	平均值（%）	标准差（%）	最大值（%）	最小值（%）	中位数（%）	第25%～75%分位数（%）
<1 000	74	30.7	20.9	96.8	0.0	30.3	16.5～41.0
1 000～1 999	99	44.7	24.0	98.4	0.0	48.4	29.1～59.5
2 000～4 999	79	51.6	24.5	97.7	11.4	50.6	40.8～63.3
5 000及以上	32	60.5	15.1	84.6	16.6	60.1	54.0～73.7
合计	284	44.7	23.1	98.4	0.0	46.1	29.2～60.4

表9.18　不同规模牧场个体有母亲完整性

牧场规模（头）	牧场数（个）	平均值（%）	标准差（%）	最大值（%）	最小值（%）	中位数（%）	第25%～75%分位数（%）
<1 000	74	42.3	23.2	99.9	0.0	41.3	28.2～53.5
1 000～1 999	99	57.0	23.0	100.0	0.0	59.0	44.5～74.4

（续表）

牧场规模（头）	牧场数（个）	平均值（%）	标准差（%）	最大值（%）	最小值（%）	中位数（%）	第25%～75%分位数（%）
2 000～4 999	79	61.9	23.2	97.8	14.7	61.8	48.4～79.5
5 000及以上	32	69.9	14.0	91.4	29.0	71.3	60.7～78.9
合计	284	56.0	23.0	100.0	0.0	56.7	40.4～74.3

表9.19　不同规模牧场个体父母双全完整性

牧场规模（头）	牧场数（个）	平均值（%）	标准差（%）	最大值（%）	最小值（%）	中位数（%）	第25%～75%分位数（%）
<1 000	74	29.9	20.2	96.8	0.0	29.5	16.5～40.6
1 000～1 999	99	43.7	23.1	83.1	0.0	48.1	26.9～58.5
2 000～4 999	79	50.8	23.6	97.7	11.4	50.0	38.8～63.3
5 000及以上	32	59.4	14.9	78.7	16.6	60.1	49.8～72.5
合计	284	43.9	22.6	97.7	0.0	44.4	29.0～59.6

表9.20　不同规模牧场个体有外祖父完整性

牧场规模（头）	牧场数（个）	平均值（%）	标准差（%）	最大值（%）	最小值（%）	中位数（%）	第25%～75%分位数（%）
<1 000	74	7.9	11.9	50.6	0.0	0.2	0.0～11.1
1 000～1 999	99	19.3	18.9	80.7	0.0	16.1	2.3～31.7
2 000～4 999	79	21.1	19.7	78.0	0.0	13.4	4.1～35.8
5 000及以上	32	28.3	16.8	57.6	0.0	23.3	16.7～43.9
合计	284	17.9	18.7	80.7	0.0	13.0	0.6～30.3

表9.21　不同规模牧场个体有外祖母完整性

牧场规模（头）	牧场数（个）	平均值（%）	标准差（%）	最大值（%）	最小值（%）	中位数（%）	第25%～75%分位数（%）
<1 000	74	12.7	18.6	70.1	0.0	2.5	0.0～19.5
1 000～1 999	99	26.4	22.6	79.5	0.0	25.2	5.3～41.5

（续表）

牧场规模（头）	牧场数（个）	平均值（%）	标准差（%）	最大值（%）	最小值（%）	中位数（%）	第25%～75%分位数（%）
2 000～4 999	79	27.7	23.0	88.9	0.0	23.8	5.8～42.4
5 000及以上	32	36.3	21.2	71.2	0.0	34.2	19.8～55.0
合计	284	24.3	23.0	88.9	0.0	19.1	2.2～40.7

表9.22　不同规模牧场个体外祖父母双全完整性

牧场规模（头）	牧场数（个）	平均值（%）	标准差（%）	最大值（%）	最小值（%）	中位数（%）	第25%～75%分位数（%）
<1 000	74	7.6	11.8	50.6	0.0	0.2	0.0～9.7
1 000～1 999	99	18.3	17.8	64.9	0.0	14.5	2.2～30.5
2 000～4 999	79	20.6	18.6	78.0	0.0	13.0	3.7～35.3
5 000及以上	32	27.1	16.6	56.9	0.0	23.2	15.7～40.4
合计	284	17.1	18.2	78.0	0.0	11.1	0.4～30.2

表9.23　不同规模牧场个体有祖父完整性

牧场规模（头）	牧场数（个）	平均值（%）	标准差（%）	最大值（%）	最小值（%）	中位数（%）	第25%～75%分位数（%）
<1 000	74	18.7	16.9	83.4	0.0	16.2	5.9～26.5
1 000～1 999	99	31.0	19.1	77.3	0.0	30.8	17.8～44.3
2 000～4 999	79	38.2	20.5	97.2	4.3	38.4	24.1～50.3
5 000及以上	32	46.9	19.2	75.9	3.9	52.7	36.9～60.7
合计	284	31.6	20.6	97.2	0.0	30.2	15.8～46.0

表9.24　不同规模牧场个体有祖母完整性

牧场规模（头）	牧场数（个）	平均值（%）	标准差（%）	最大值（%）	最小值（%）	中位数（%）	第25%～75%分位数（%）
<1 000	74	18.7	16.9	83.4	0.0	16.2	5.9～26.5
1 000～1 999	99	31.0	19.1	77.3	0.0	30.8	17.8～44.3

（续表）

牧场规模（头）	牧场数（个）	平均值（%）	标准差（%）	最大值（%）	最小值（%）	中位数（%）	第25%～75%分位数（%）
2 000～4 999	79	38.2	20.5	97.2	4.3	38.4	24.0～50.3
5 000及以上	32	46.8	19.2	75.9	3.9	52.7	36.9～60.7
合计	284	31.6	20.5	97.2	0.0	30.2	15.8～46.0

表9.25　不同规模牧场个体祖父母双全完整性

牧场规模（头）	牧场数（个）	平均值（%）	标准差（%）	最大值（%）	最小值（%）	中位数（%）	第25%～75%分位数（%）
<1 000	74	18.7	16.9	83.4	0.0	16.2	5.9～26.5
1 000～1 999	99	31.0	19.1	77.3	0.0	30.8	17.8～44.3
2 000～4 999	79	38.2	20.5	97.2	4.3	38.4	24.0～50.3
5 000及以上	32	46.8	19.2	75.9	3.9	52.7	36.9～60.7
合计	284	31.6	20.5	97.2	0.0	30.2	15.8～46.0

专题五：受胎率影响因素分析

对于常规的商业化奶牛场，繁殖是驱动一个牧场能否盈利的关键。奶牛正常的发情、配种、怀孕、产犊是繁殖性能良好的表现，实际生产中常用配种率、受胎率、21天怀孕率、空怀天数、产犊间隔等指标衡量奶牛繁殖性能。其中受胎率和配种率是影响21天怀孕率的两个重要指标。因此，找到牧场中影响奶牛繁殖效率的关键因素，从而改善与提高是至关重要的。

本章专题为分析影响奶牛受胎率的主要因素，对一牧云系统内牧场利用同一因素内某一水平摘除的方法，对比该水平摘除前后受胎率增减情况，通过这一方法分析得到影响奶牛受胎率的主要因素，从而为牧场繁殖管理提供参考与改进方向。

1. 数据来源

数据来自一牧云系统内2022年1月1日至2022年12月31日配种成母牛受胎率数据。

筛选条件：一是各因素内水平对应配种条数大于等于50条；二是受胎率范围［10%，80%］；三是某一水平摘除前后变化≤30%；四是第1～2胎次或第1～3次配种受胎率缺少任一个水平，剔除该牧场，最后得到共计306个牧场，1 332 904条数据。采用各因素内水平摘除法（同时兼顾到数据较少的某一水平影响可以忽略）。

指定因素内某一水平摘除计算受胎率公式如下。

$$某一因素受胎率（\%）=\frac{怀孕头数+流产头数}{怀孕头数+流产头数+空怀头数}\times 100$$

$$\begin{array}{c}摘除水平A后\\受胎率（\%）\end{array}=\frac{怀孕头数+流产头数-A水平对应怀孕与流产头数}{怀孕头数+流产头数+空怀头数-A水平对应怀孕、流产、空怀头数}\times 100$$

2. 各因素内水平摘除统计结果与分析

根据所有牧场2022年度受胎率统计，结果如表9.26所示，可见2022年度成母牛受胎率平均值为39.3%，标准差6.2%，中位数39.4%。

表9.26　2022年度受胎率描述性统计

统计量	平均值（%）	标准差（%）	中位数（%）	最小值（%）	最大值（%）	牧场数（个）
受胎率	39.3	6.2	39.4	22.6	56.6	306

根据不同胎次分组受胎率与某一水平剔除后受胎率增加幅度统计，结果如图9.21所示，可见成母牛受胎率随胎次增加，逐渐降低（由1胎牛配种受胎率42.3%，下降到4胎的36.9%）。而对应胎次摘除后，受胎率变化最明显的是摘除1胎牛数据，受胎率下降1.54%，其中受胎率下降的牧场数达247个，对应受胎率下降2.31%，受胎率持平或上升的牧场仅59个，对应受胎率上升1.69%；其他胎次数据摘除后，受胎率变化较小，但都呈现受胎率上升，尤其4胎牛数据剔除，受胎率上升0.33%，其中当胎次≥2胎时，一半及以上的牧场受胎率持平或上升，对应上升0.31%～1.05%。因此，4胎牛只的繁育管理需要着重关注与提升。

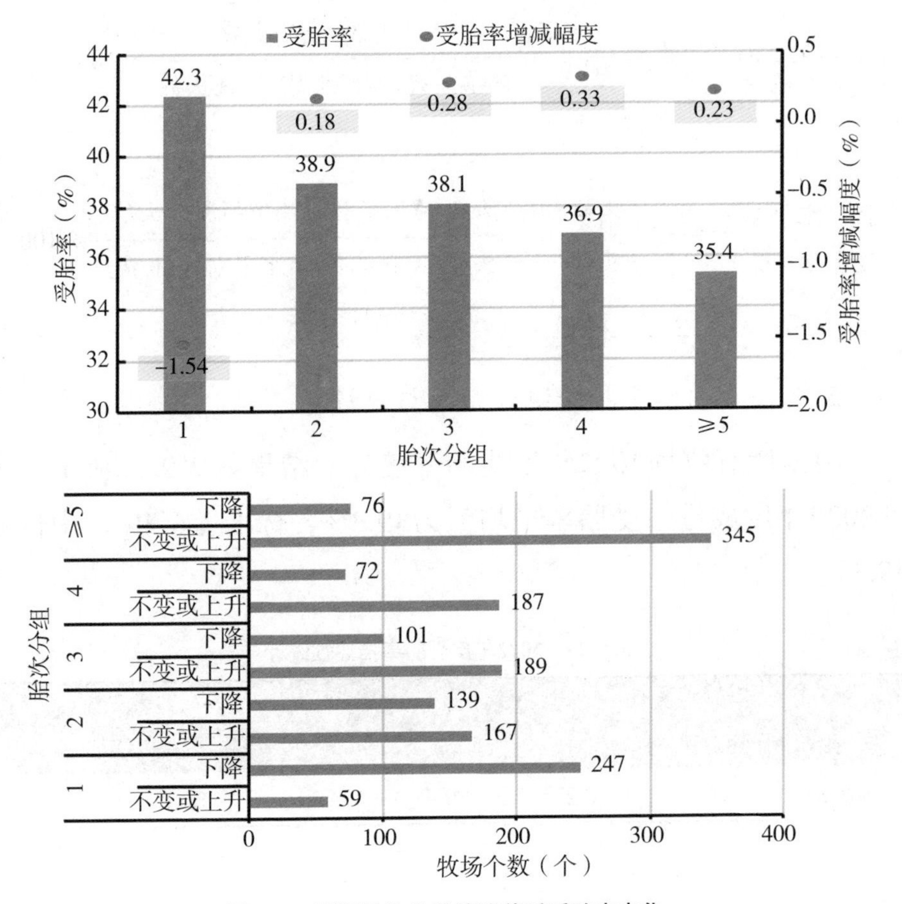

图9.21　不同胎次分组摘除前后受胎率变化

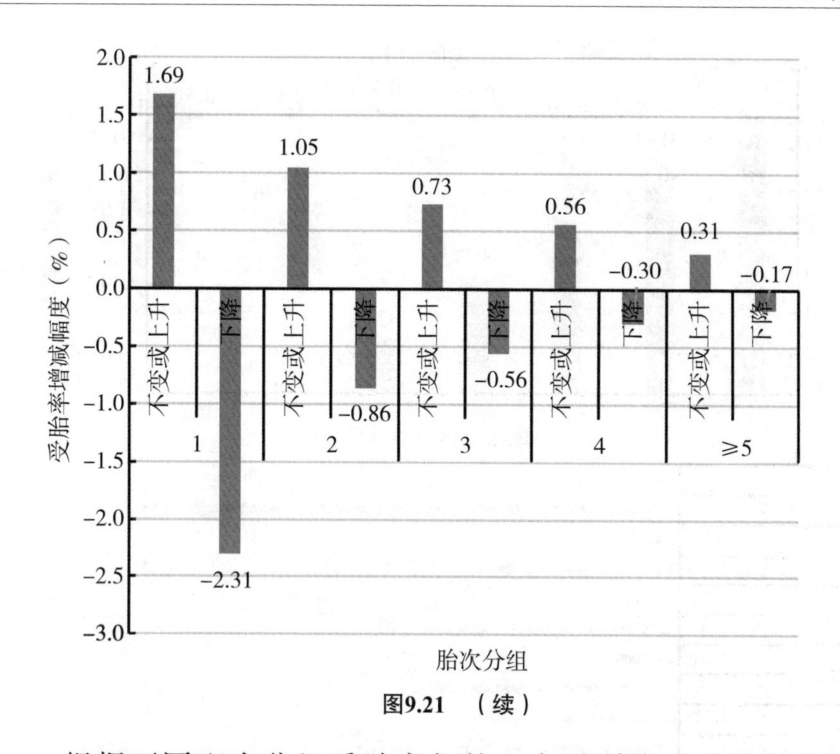

图9.21 （续）

根据不同配次分组受胎率与某一水平剔除后受胎率增加幅度统计，结果如图9.22所示，可见成母牛受胎率随配次增加，逐渐降低（由第1次配种受胎率44.1%，下降到第5次的32.7%）。而对应配次摘除后，受胎率变化最明显的是摘除第1次配种数据，受胎率下降3.00%，其中受胎率下降的牧场数达268个，对应受胎率下降3.61%，受胎率持平或上升的牧场仅38个，对应受胎率上升1.31%；其他配次数据摘除后，受胎率变化较小，都呈现受胎率上升（除第2次配种受胎率下降0.31%），尤其第5次配种数据剔除，受胎率上升0.39%，配次≥3次时，一半及以上的牧场受胎率持平或上升，对应上升0.09%～0.39%。因此，当牛只配种次数≥3次时，配种员需要更多地对牛只发情进行观察，对生殖系统进行检查。

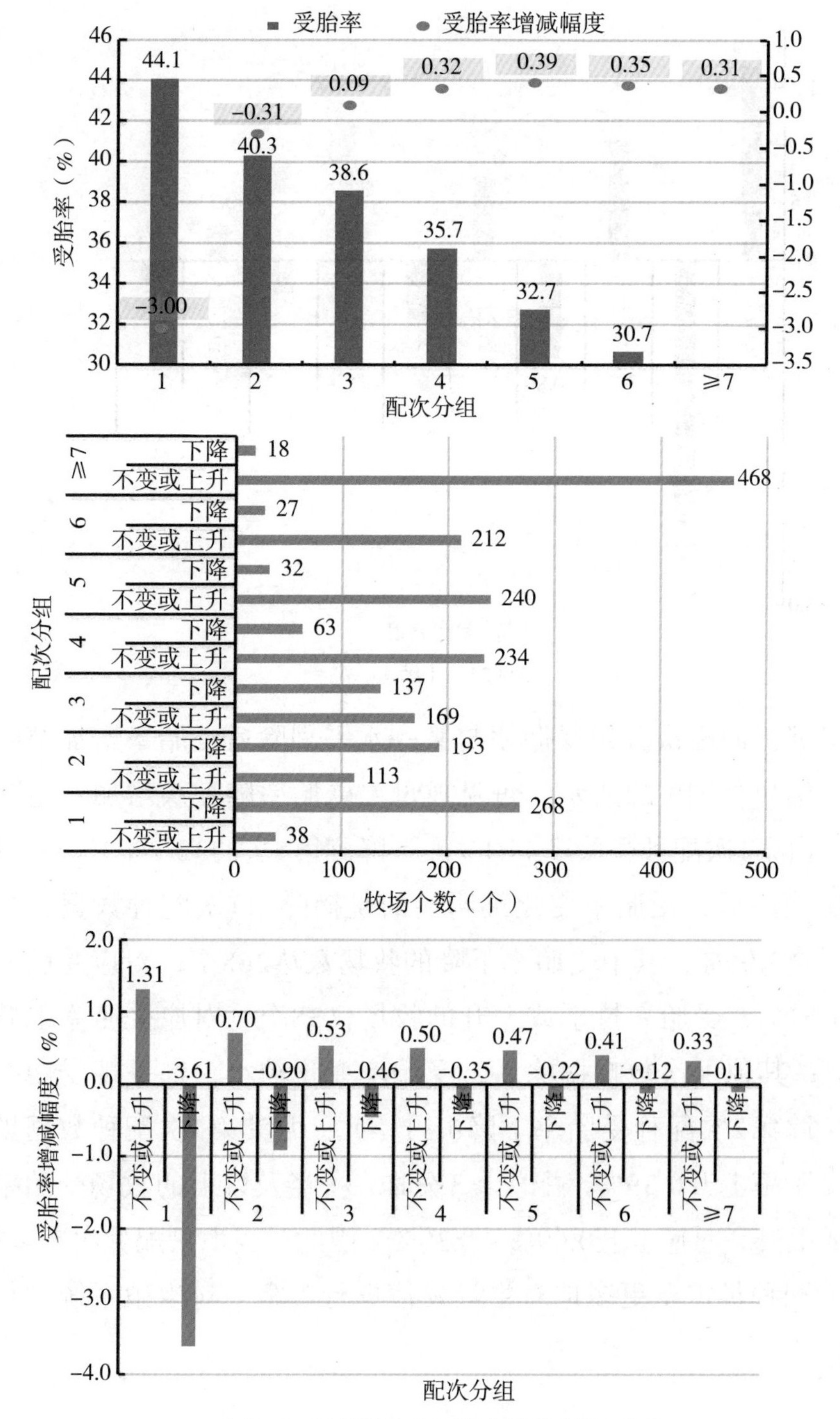

图9.22　不同配次分组摘除前后受胎率变化

根据不同配种月份受胎率与某一水平剔除后受胎率增加幅度统计，结果如图9.23所示，可见7月、8月成母牛受胎率最低（33%左右），6月、9月较低（37%左右），11月、12月成母牛受胎率最高（42%左右）。对应配种月份摘除后，受胎率变化最明显的是摘除7月、8月配种数据，受胎率上升0.49%～0.61%，其中受胎率上升的牧场数达240多个，对应受胎率上升0.62%～0.77%，受胎率下降的牧场仅40多个，对应受胎率下降0.26%～0.30%；其他配种月份数据摘除后，受胎率变化较小，1—5月和10—12月摘除后，受胎率下降0.05%～0.38%，牧场受胎率下降牧场数量较多；6月、9月数据摘除后，受胎率上升0.16%～0.26%，一半及以上的牧场受胎率持平或上升，对应上升0.37%～0.58%。因此，7月、8月奶牛热应激情况最严重和6月、9月热应激比较严重的牧场，更需要提前做好防暑降温措施，并落实好，或者避免奶牛处于热应激时期配种，采取季节性配种。

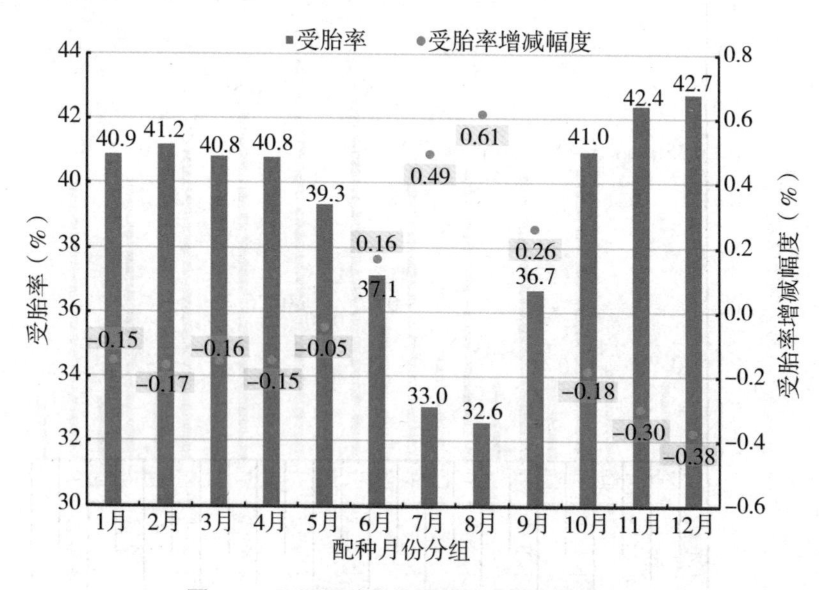

图9.23　不同配种月份摘除前后受胎率变化

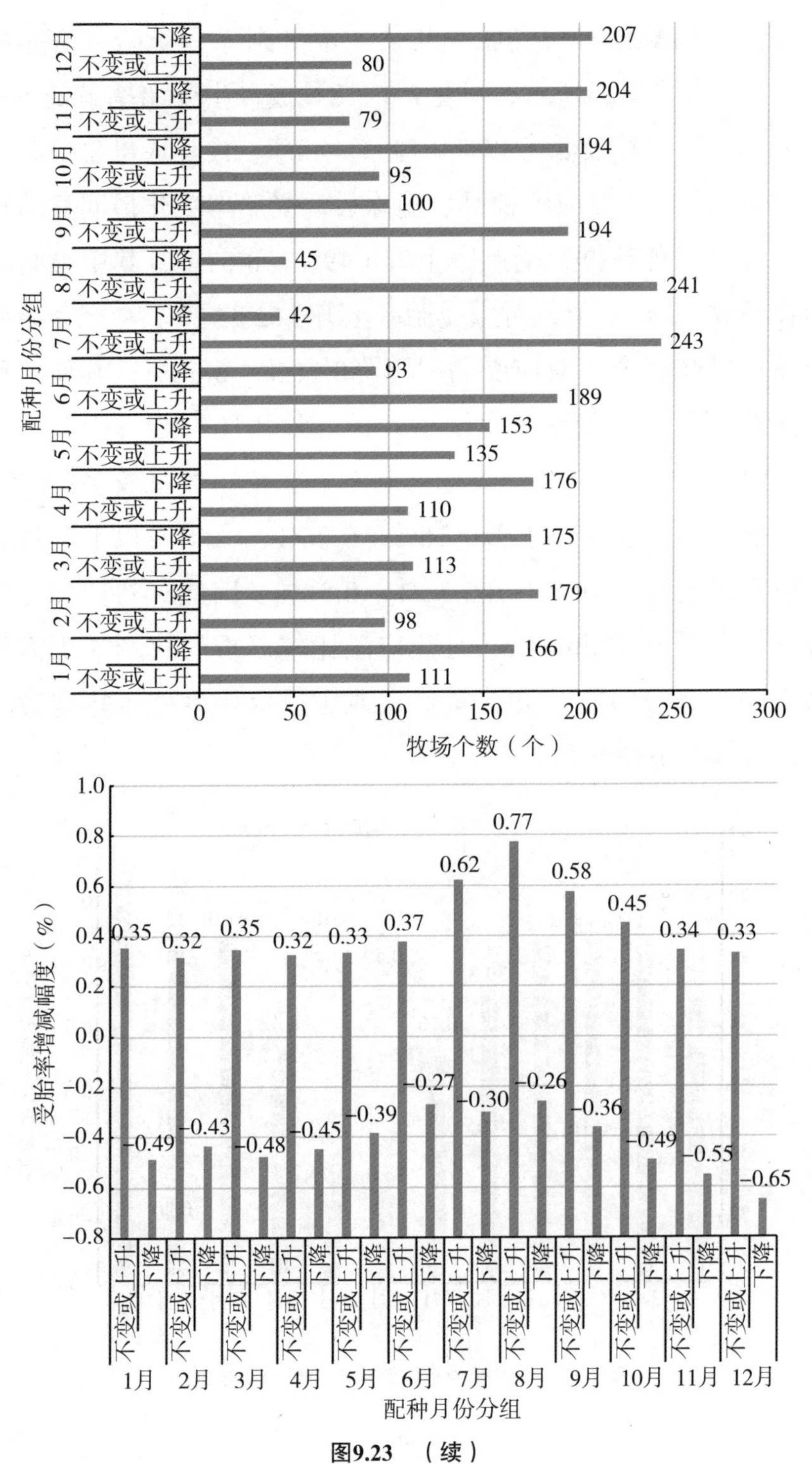

配种月份分组
12月 下降 207
不变或上升 80
11月 下降 204
不变或上升 79
10月 下降 194
不变或上升 95
9月 下降 100
不变或上升 194
8月 下降 45
不变或上升 241
7月 下降 42
不变或上升 243
6月 下降 93
不变或上升 189
5月 下降 153
不变或上升 135
4月 下降 176
不变或上升 110
3月 下降 175
不变或上升 113
2月 下降 179
不变或上升 98
1月 下降 166
不变或上升 111
0 50 100 150 200 250 300
牧场个数（个）
受胎率增减幅度（%）
1.0 0.8 0.6 0.4 0.2 0.0 −0.2 −0.4 −0.6 −0.8
0.35 −0.49
0.32 −0.43
0.35 −0.48
0.32 −0.45
0.33 −0.39
0.37 −0.27
0.62 −0.30
0.77 −0.26
0.58 −0.36
0.45 −0.49
0.34 −0.55
0.33 −0.65
不变或上升 下降
1月 2月 3月 4月 5月 6月 7月 8月 9月 10月 11月 12月
配种月份分组

图9.23　（续）

根据不同配种周期受胎率与某一水平剔除后受胎率增加幅度统计，结果如图9.24所示，可见配种周期≥210天的成母牛受胎率最低（32.7%），配种周期70～89天的成母牛受胎率最高（43.4%），配种周期1～69天的次之（42%左右）。对应配种周期摘除后，受胎率变化最明显的是摘除配种周期≥210天数据，受胎率上升1.40%，其中受胎率持平或上升的牧场数达272个，对应受胎率上升1.62%，受胎率下降的牧场仅32个，对应受胎率下降0.52%；配种周期50～69天，70～89天数据摘除后，受胎率下降1.24%～1.27%，75%以上牧场受胎率下降；其他配种周期数据摘除后，受胎率变化不大。因此，配种周期较长的牧场，建议加强配后返情的观察与配种，争取在产后50～110天内获得更多的配种机会。

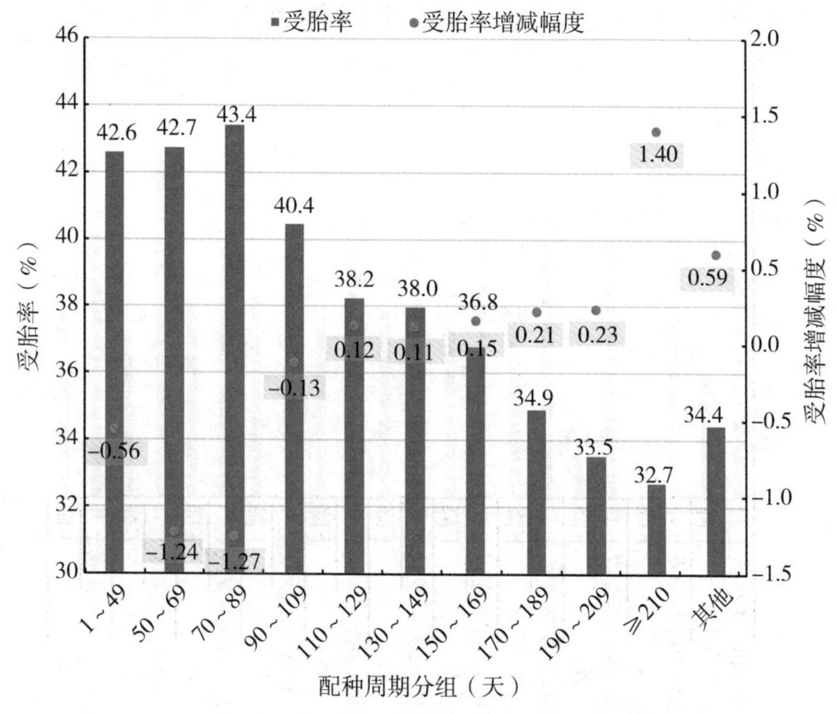

图9.24　不同配种周期摘除前后受胎率变化

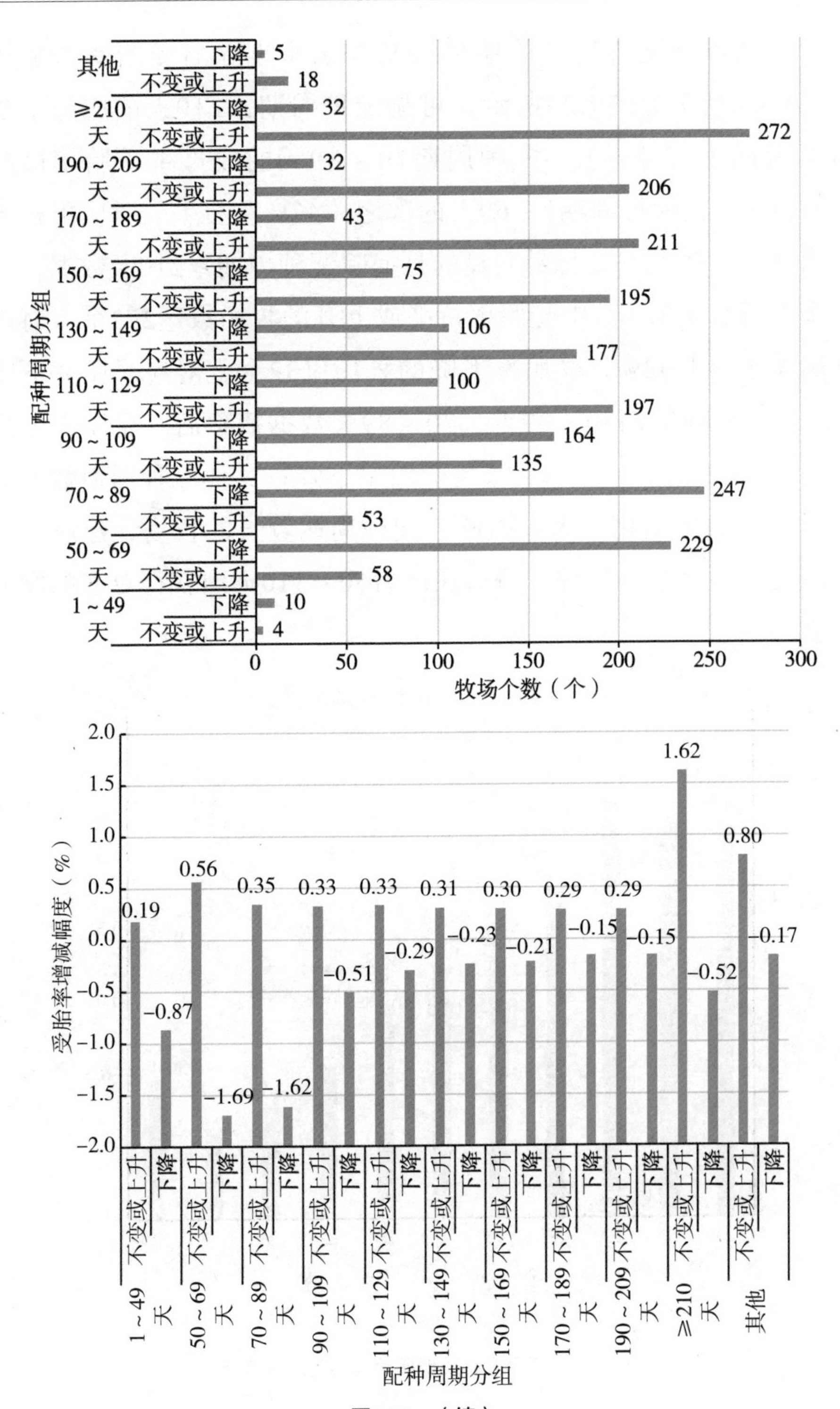
配种周期分组
其他
下降 5
不变或上升 18
≥210天
下降 32
不变或上升 272
190～209天
下降 32
不变或上升 206
170～189天
下降 43
不变或上升 211
150～169天
下降 75
不变或上升 195
130～149天
下降 106
不变或上升 177
110～129天
下降 100
不变或上升 197
90～109天
下降 164
不变或上升 135
70～89天
下降 247
不变或上升 53
50～69天
下降 229
不变或上升 58
1～49天
下降 10
不变或上升 4
0
50
100
150
200
250
300
牧场个数（个）
受胎率增减幅度（%）
2.0
1.5
1.0
0.5
0.0
-0.5
-1.0
-1.5
-2.0
0.19
-0.87
0.56
-1.69
0.35
-1.62
0.33
-0.51
0.33
-0.29
0.31
-0.23
0.30
-0.21
0.29
-0.15
0.29
-0.15
1.62
-0.52
0.80
-0.17
不变或上升
下降
1～49天
50～69天
70～89天
90～109天
110～129天
130～149天
150～169天
170～189天
190～209天
≥210天
其他
配种周期分组

图9.24 （续）

综合各因素内不同水平剔除后对受胎率影响为增加的水平，汇总如表9.27所示。由表9.27可见，按受胎率提升百分点罗列，配种周期≥210天、2022年8月、2022年7月和第5次配种受胎率较低，分别去除以上四个因素后，受胎率提升0.39~1.40个百分点。

表9.27 不同因素内主要影响受胎率变化的水平

因素	水平	剔除后受胎率增加（%）	受胎率（%）	牧场数（个）
胎次	2	0.18	38.9	306
	3	0.28	38.1	290
	4	0.33	36.9	259
	≥5	0.23	35.4	421
配次	3	0.09	38.6	306
	4	0.32	35.7	297
	5	0.39	32.7	272
	6	0.35	30.7	239
	≥7	0.31	24.8	486
配种月份	2022年6月	0.16	37.1	282
	2022年7月	0.49	33.0	285
	2022年8月	0.61	32.6	286
	2022年9月	0.26	36.7	294
经产牛配种周期	110~129天	0.12	38.2	297
	130~149天	0.11	38.0	283
	150~169天	0.15	36.8	270
	170~189天	0.21	34.9	254
	190~209天	0.23	33.5	238
	≥210天	1.40	32.7	304
总受胎率	–	–	39.3	306

3. 小结

基于306个牧场的配种记录，利用同一因素内某一水平摘除的方法分析得到影响奶牛受胎率的主要因素，结果发现：

（1）胎次因素，4胎牛只的繁育管理需要着重关注与提升。

（2）配次因素，当牛只配种次数≥3次时，配种员需要更多地对牛只发情进行观察，对生殖系统进行检查。

（3）配种月份因素，6—9月奶牛热应激情况严重的牧场，更需要提前做好防暑降温措施，并落实好，或者避免奶牛处于热应激时期配种，采取季节性配种。

（4）配种周期因素，配种周期较长的牧场，建议加强配后返情的观察与配种，争取在产后50～110天内获得更多的配种机会。

参考文献

董艳，贾雯晴，王正阳，等，2021. 全球数字农业创新分析及对中国数字农业发展的思考[J]. 农业科技管理，40（6）：10-16.

冯启，张旭，2013. 中国乳企的战略布局与发展思路分析[J]. 乳品与人类（1）：4-19.

李保明，王阳，郑炜超，等，2021. 畜禽养殖智能装备与信息化技术研究进展[J]. 华南农业大学学报，42（6）：18-26.

刘玉芝，李敏，李德林，等，2009. 正确解读和应用DHI数据，提高牛群科学管理水平[C]//中国奶业协会. 中国奶业协会年会论文集2009（上册）.《中国奶牛》编辑部：260-262.

刘仲奎，2014. 规模化牧场管理工作的客观因素对于牧场泌乳牛群生产效益的影响[C]//中国奶业协会. 第五届中国奶业大会论文集.《中国奶牛》编辑部：302-304.

夏雪，侍啸，柴秀娟，2020. 人工智能驱动智慧奶牛养殖的思考与实践[J]. 中国乳业（8）：5-9.

钟文晶，罗必良，谢琳，2021. 数字农业发展的国际经验及其启示[J]. 改革（5）：64-75.

邹岚，魏传祺，彭博，等，2021. 我国智慧畜牧业发展概况和趋势[J]. 农业工程，11（9）：26-29.

附　录

箱线图说明

箱线图也称箱须图、箱形图、盒图，用于反映一组或多组连续型定量数据分布的中心位置和散布范围。箱线图包含数学统计量，不仅能够分析不同类别数据各层次水平差异，还能揭示数据间离散程度、异常值、分布差异等。

箱线图可以用来反映一组或多组连续型定量数据分布的中心位置和散布范围，因形状如箱子而得名。1977年，美国著名数学家John W Tukey首先在他的著作《Exploratory Data Analysis》中介绍了箱线图。

在箱线图中，箱子的中间有一条线，代表了数据的中位数。箱子的上下底分别是数据的上四分位数（Q3）和下四分位数（Q1），这意味着箱体包含了50%的数据。因此，箱子的高度在一定程度上反映了数据的波动程度。上下边缘则代表了该组数据的最大值和最小值。有时候箱子外部会有一些点，可以理解为数据中的“异常值”。

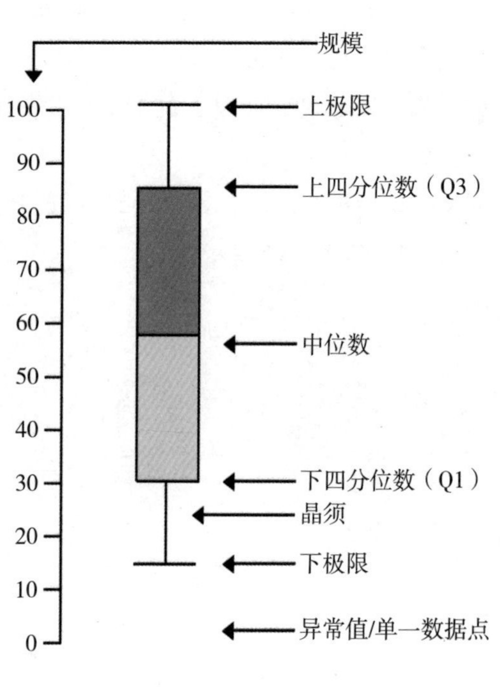

四分位数

一组数据按照从小到大顺序排列后，把该组数据四等分的数，称为四分位数。第一四分位数（Q1）、第二四分位数（Q2，也叫“中位数”）和第三四分位数（Q3）分别等于该样本中所有数值由小到大排列后第25%、第50%和第75%的数字。第三四分位数与第一四分位数的差距又称四分位距（interquartile range，IQR）。

偏态

与正态分布相对，指的是非对称分布的偏斜状态。在统计学上，众数和平均数之差可作为分配偏态的指标之一：如平均数大于众数，称为正偏态（或右偏态）；相反，则称为负偏态（或左偏态）。

箱线图包含的元素虽然有点复杂，但也正因为如此，它拥有许多独特的功能。

1. 直观明了地识别数据批中的异常值

箱线图可以用来观察数据整体的分布情况，利用中位数、上四分位数、下四分位数、上极限（上边界）、下极限（下边界）等统计量来描述数据的整体分布情况。通过计算这些统计量，生成一个箱体图，箱体包含了大部分的正常数据，而在箱体上极限和下极限之外的，就是异常数据。

2. 判断数据的偏态和尾重

对于标准正态分布的大样本，中位数位于上下四分位数的中央，箱线图的方盒关于中位线对称。中位数越偏离上下四分位数的中心位置，分布偏态性越强。异常值集中在较大值一侧，则分布呈现右偏态；异常值集中在较小值一侧，则分布呈现左偏态。

3. 比较多批数据的形状

箱子的上下限，分别是数据的上四分位数和下四分位数。这意味着箱子包含了50%的数据。因此，箱子的宽度在一定程度上反映了数据的波动程度。箱体越扁说明数据越集中，端线（也就是“须”）越短说明数据越集中。凭借着这些“独门绝技”，箱线图在使用场景上也很不一般，最常见的是用于质量管理、人事测评、探索性数据分析等统计分析活动。

致 谢

谨此向所有支持和关心一牧云发展的客户、行业领导、顾问和合作伙伴及相关人士表示衷心的感谢！今天所取得的成绩是我们共同努力的成果，没有你们的大力支持也就没有《中国规模化奶牛场关键生产性能现状（2023版）》的成功出版。